Bevidst Evolution

Randi Green

Bevidst Evolution

Bevidst Evolution

Forlag: Books on Demand GmbH, København, Danmark

Tryk: Books on Demand GmbH, Norderstedt, Tyskland

Forside og layout: Randi Green og Erik Istrup

ISBN 978-87-7114-027-9

2. udgave

Indholdsfortegnelse

Et magnetfelt

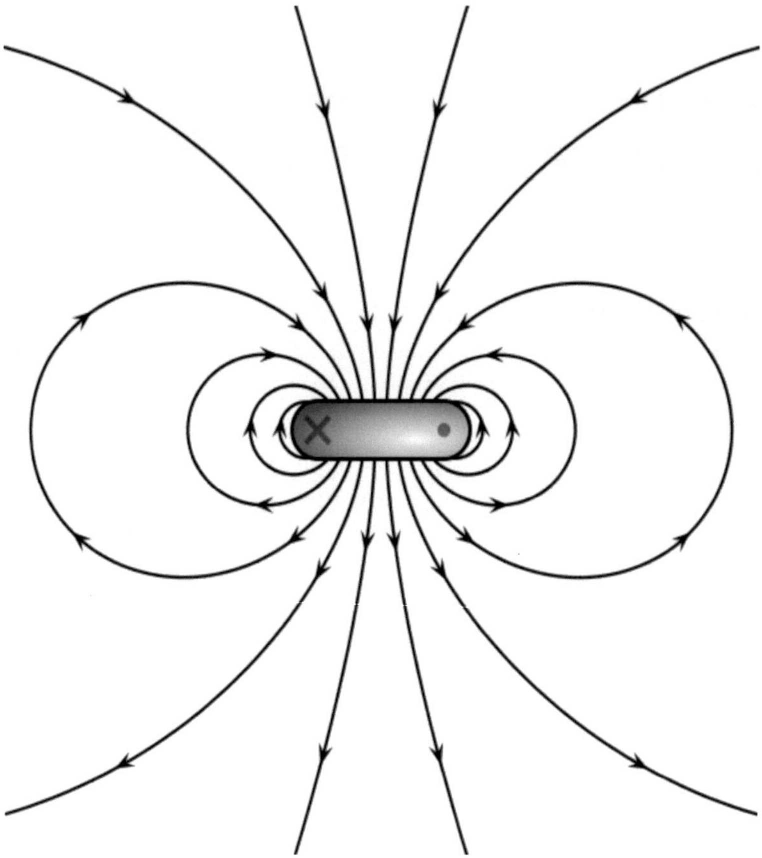

Wikipedia

Tanker til bogen

Denne bog er en udfordring for dig, læseren, og for mig, forfatteren. Du og jeg skal ud i et landskab af nytænkning. Af udbrud. Nye tider, nye tankesæt og nye idéer er indholdet i denne bog.

Jeg skriver en bog uden litteraturliste, men jeg henviser til andre forfattere og deres bøger, hvor der er sammenfald i tankerækkerne. Det er umuligt, som jeg ser det, virkeligt at forstå en forfatters dybere mening med sin teori. Kun direkte dialog med ophavsmanden eller kvinden kan afklare om der er sammenfald og korrekt opfattelse af det tænkeren søger at formidle. Af samme grund vil jeg ikke diskutere andre forfatteres teorier, men henvise til dem, således at læseren kan danne sin egen mening. På den anden side er det meste af bogen et udtryk for mine tanker, hvorfor der ikke er meget at diskutere.

Selvfølgelig vil der være sammenfald i forståelse af emnerne og tankeformerne som jeg deler med andre forfattere. Det kan ikke undgås at tænkere påvirker hinandens tankeformer. Ubevidst trækker vi på kilderne i det kollektive bevidsthedsfelt og inspireres af hinanden.

C. G. Jung og hans samlede værker, samt de tidlige palitekster med *Buddhaens* lærdomme, har været to vigtige kilder til inspiration og bekræftelse. I dem har jeg fundet forståelse og samklang, fordi de beskriver meget af det som jeg har set og oplevet, i min søgen efter højere sandheder. Jeg vil specielt anbefale C. G. Jungs *Erindringer, drømme, tanker*, Lindhardt og Ringhof 1998. Det er først og fremmest kapitlerne *Konfrontationer med det ubevidste* og frem til *Tårnet* som bør læses. Kapitlerne omhandler Jungs oplevelser i psykens landskab og hans samtaler med den indre gestalt Philemon. Samtalerne lagde grunden til hans senere teorier og arbejder.

Bevidst evolution formulerer tanker og hypoteser fostret gennem mange års studier. Jeg har efterhånden læst en del litterære værker indenfor klassisk fysik og kvantemekanik, psykologi, neurologi, biologi og filosofi. Idéen har været at samle mine hypoteser på et metaplan og forsøge at forbinde dem i en sammenhængende teori. Mit ønske har desuden været at se velkendte fakta og teorier i et nyt lys.

Jeg har søgt at besvare følgende spørgsmål i denne bog, baseret på egne oplevelser og formidlet information: Hvorfor har mennesket visioner? Hvordan giver de sig til udtryk og hvordan opstår de? Hvad er hensigten med dem, set fra et evolutionært synspunkt og hvor i menneskehedens tankefelt finder vi disse udtryk? Hvor går skillelinjen mellem vores eget indhold og en faktisk ydre påvirkning? Er psykens gestalter udelukkende selvskabte eller findes der livsformer udenfor vores forståelse af manifesteret liv? Kan vi kontakte disse livsformer og forsøger de at kontakte os gennem vores bevidstheds sfærer? På hvilken måde skal vi forstå mennesket, dets bevidsthedstyper, hjerne, krop og psyke? Har mennesket et energifelt, og i så fald, hvordan er det skruet sammen? Og kan vi påvirke vores egen evolution bevidst?

Alle disse spørgsmål tager Bevidst Evolution (BE) hul på.

Spørgsmålene har ikke *et* svar, men markerer en begyndelse på komplekse tankeformer, den enkelte må søge sine svar til. Der findes ikke et sandt eller specielt svar til disse spørgsmål. Svarene findes i forskellige tankeformer og bevidsthedstilstande og skal ekstraheres herfra. Spørgsmålet om hvorvidt noget er sandt eller ikke kompliceres ved at svarene varierer med de områder i hjernen, informationerne bearbejdes igennem.

Kollektive tankeformer ligger bag det meste af det mennesket har skabt og tænkt. Til en vis udstrækning ligger de til grund for filosofi, religion og andre inspirerede værker, men også naturvidenskabelige tankesæt bærer præg af dem.

Indsigter, visioner og det kollektives interaktion med hjernen er et alment vilkår i menneskets evolutionære udvikling. Fænomenerne og psykens gestalter skal forstås som en fase i hjernens videre udvikling. Noget vi alle kommer til på et tidspunkt. Det er menneskehedens lod at hver og en på et tidspunkt udvikler clairvoyante, telepatiske, højere bevidste og sensitive evner. Derfra kan vi erkende uerkendte områder af virkeligheden. Om vi forstår, at disse sanser og evner er en del af hjernens videre udvikling, vil megen mystik, virkelighedsfjerne teorier og alienation af noget helt naturligt forsvinde.

Dermed kunne videnskaben begynde at arbejde med hjernen og psyken ud fra dens faktiske og fantastiske muligheder. Undlader vi at integrere hjernens dybere lag som noget naturligt adskiller vi os fra store dele af de potentialer, vi er født med. Det ville være rart med empirisk bevisførelse for menneskets potentialer frem for den klare afstandtagen videnskaben stadig stiller for dagen.

På den anden side vil en for tidlig anvendelse, af bestemte dele i hjernen, medføre psykoser. Udvikling af hjernen er en tålmodig og langstrakt proces. Der kræver mange års koncentreret arbejde med dens energetiske netværk før de dybere lag udvikler sig. Udviklingen sker via terapi, studier, meditation og bevidst indre arbejde, indtil de kan tages i anvendelse. Når det er sagt vil en bevidst anvendelse af hjernens dybere lag, de mange nye sanser og perceptioner, føre til ukendte højder i den menneskelige udvikling og tænkning.

Mange mennesker har gennem tiderne været parate til det indre byggearbejde og har taget hjernens dybere lag i anvendelse. Mange er det stadig og ønsker at begynde arbejdet, men hvor skal psykens opdagelsesrejsende finde genklang og forståelse af deres oplevelser?

Som det ser ud nu findes fortidens erfaringer med hjernens dybere lag kun i obskure, kuriøse eller religiøse tekster. Buddhaens budskab, at enhver kan finde sandheden og klarheden i sig selv, fortaber sig i tidligere tiders mysterieskoler, tilbageholdelse af viden og andre selvbestaltede vogtertendenser.

Studier af fortidens tekster, uden den rette skoling og forståelse, fører til mytedannelse og forvirring. Illusionerne vokser yderligere i forsøget på at afkode teksternes tågede retorik og semantik. Den søgendes bevidsthed inflateres af arketyperne eller energierne som hører til fortidens tankeformer. I stedet for at den søgende føres til større selvindsigt, med det formål at mestre livet og dets udfordringer på holistisk og harmonisk vis, fortabes han eller hun i det kollektive ubevidstes tankeformer og arketyper. Jegets reaktion, på fortidens tekster og deres obskure tankeformer, viser sig snart som fanatisme, grandiositet, separatisme og eskapisme.

Desforuden tager fortidens hemmelige lærdomme udgangspunkt i anderledes kulturelle forståelsesrammer, andre tiders tankeformer, forældede vejledninger, fejlfortolkninger og fordrejede forklaringer. Mangen en inspireret tekst udspringer af den søgendes basale viden og eksisterende tankeformer. Dette gælder også i dag. Nutiden kan derfor ikke direkte anvende fortidens skjulte hentydninger, ej heller dens lignelser, symbolske og allegoriske fortællinger. De henvender sig til andre tider, en anden menneskehed og en anden bevidsthedsstruktur. Til andre dele af hjernen. Nutidens tænkere har en anden bevidsthedsopbygning, kræver en anden klarhed samt underbyggede forståelige forklaringsmodeller.

Men selvom vi genererer nye tekster og vejledninger, kan vi ikke anvende andres visioner og indsigter til vort eget formål. Et større detektivarbejde skal til før energien bag visionen, tankeformen eller teorien kan afkodes og anvendes til integration i vores system. Vi mangler nye teorier og metoder til videreudvikling af vores hjerner, og vi skal selv skabe dem. Udviklingspotentialet kan ikke videregives, kun findes af den søgende selv, i sig selv. Andres viden kan hjælpe en på vejen, men skridtene skal vi selv tage.

Noget helt andet er, om vi tør anvende vores hjerner konstruktivt i en optimeret udvikling. Tør vi tage fat på bevidst evolutionsudvikling? Og hvad vil det kræve af os? Af individet og samfundet som helhed? Kan vi med god ret holde fast i vores strukturer og vedtagne normer, om vi finder nye dele af virkeligheden? Om virkeligheden ikke viser sig at passe til de teorier og paradigmer, vi har skabt omkring os selv?

Bogen er opbygget af hypoteser, indsigter og egne oplevelser. Jeg sætter gerne begreber til videre undersøgelse, nye ord og spørgsmål i kursiv. Mine visioner, tanker og følelser skrives ligeledes med kursiv, som vist nedenfor:

Jeg vidste godt, da jeg begyndte at skrive denne bog, at mange hellere vil læse om Mestrene, Jordens indre styrelse, et broderskab og en Astharkommando end at læse om Jorden som en selvstyrende organisme. Der er heller ikke den store spænding ved at universet og mennesket fungerer fint uden guddommelig skabelse og intervention. Nu er det muligt i vor tid at have forskellige holdninger og meninger om universet og menneskets oprindelse, men der er mere til det end bare accept af forskellige tankeformer.

Desuden har jeg efterhånden lært at genkende tankeformer af menneskelig oprindelse, og de tankeformer der absolut ikke stammer fra Jordens menneskehed, og det er den viden som driver mig videre. De fleste tankeformer er kedelige afspilninger af egne eller andres tanker og ideer, selvom de ofte bliver leveret af en arketype eller et væsen. Ligesom at opleve Prinsesse Leias besked til Obi Wan Kenobi. Et hologram med en besked. Og så er der de beskeder, hvor jeg møder mennesker som mig selv. De har kroppe, men består af en ren plastisk lysende masse. Det er en form for partikler, men ikke de stoflige af slagsen Jorden består af. Andre gange har jeg følgeskab af en vejleder fra stjernebilledet Ursa Major og han fortæller mig om livsformer som findes derude. Derfor ved jeg godt at galakserne rummer liv og at jordmennesket absolut ikke er den eneste prototype. Hvorvidt disse samtaler er udbyggede former for illusion eller er objektivt sande, arbejder jeg stadig på at forstå.

Al energi søger mod at udtrykke sit ultimative potentiale og det behøver vi hverken guder, mestre, love eller regler for at forstå. Lige så snart vi er koblet op til Jordens højere frekvenser, ønsker vi intet andet end at samarbejde med alle former for energi på Jorden. Jorden er et gigantisk energetisk væsen og vi kan blive en del af dens energi, om vi vil. Den intelligente energi, Jorden og universet udtrykker, er som kærligheden der overstiger alt. Det er ønsket om at alle former for elektromagnetisme, liv og intelligent energi skal nå sine ultimative potentialer. Det er grundessensen i evolutionen på Jorden og den er indenfor vor rækkevidde, fordi mennesket er opbygget af universets og Jordens materialer. Det betyder at vi besidder samme grundenergi og dermed samme evolutionære mål.

Samtalerne, jeg har haft med Merak og Aida samt erkendelserne herfra, ligger til grund for mange af bogens idéer. Jeg har derfor afsat sidste kapitel i bogen til et udsnit af vores dialoger, således at de kan læses direkte.

Bevidst Evolution er skrevet ud fra min forståelse af energi, psyke og bevidsthed. Dele af bogens materiale findes i den accepterede videnskab, andet er min fortolkning af de videnskabelige resultater i forhold til mit virkelighedssyn. Korrekt bevisførelse og redelighed er vigtige metoder når de videnskabelige paradigmer skal forandres og udvikles. Forståelsen af resultaterne kan dog debatteres og selv om jeg ikke er videnskabskvinde, har jeg lov til at udlede hypoteser. De bør ikke klassificeres som videnskabelige eller pseudovidenskabelige, men er blot ment som et forsøg på at nytænke vante konklusioner.

Bevidst evolutions hypoteser er ment som inspiration, oplæg til debat og et spædt forsøg på at besvare spørgsmål videnskaben endnu ikke har fundet svar på.

En af de store forskelle, mellem det videnskabelige paradigme og mit virkelighedssyn, ligger i opfattelsen af energi.

Jeg anser energi for at være intelligent. Elektromagnetisme danner mønstre, kan kodes og om man kontakter intelligensen i energien, kan man kommunikere direkte med den via hjernens og kroppens elektromagnetiske opbygning.

Intelligensen i energi, mener jeg, er det som danner bevidsthed.

Det er en god idé at søge yderligere forklaringer, på begreberne i bogen, via Internettet. På den måde uddybes bogens tankesæt og hypoteser med videnskabelige fakta og andres teorier. Du opbygger, gennem dit eget arbejde, en fornemmelse af hvordan videnskaben forholder sig til de fakta, jeg anvender i bogen. Jeg håber også at du vil vurdere om andres hypoteser virker mere troværdige end mine, vælge i blandt tankeformerne og finde frem til de tankesæt som matcher din personlige og evolutionære udvikling.

Jeg vil gerne takke Erik Istrup for vejledning og layout. Uden hans hjælp var bogen ikke blevet en realitet.

Fundament

Kan man bevidst påvirke menneskets evolution? Selvfølgelig kan man det. Lad os kridte banen op med bevidst evolutions grundlæggende teser.

Tankeformen bag bevidst evolution søger at rette opmærksomhed mod en forståelse af hvordan kroppen, hjernen, de mange former for bevidsthed og selve det elektromagnetiske hav interagerer med det formål at udvikle energisystemerne i mennesker, dyr og andre livsformer. Alle former for liv er afhængige af hinanden. Direkte eller indirekte påvirker de hinandens udvikling.

Mennesket består af *bioelektromagnetiske* felter opdelt i mindre systemer som centralnervesystemet inkl. hjernen (CNS), det perifere nervesystem (PNS), hjertet, organerne og på mikroskopisk niveau alle cellerne i kroppen. Kroppens bioelektromagnetiske felter dannes via systemernes aktivitet på molekylært, atomart og kvanteniveau.

Felterne udgør samlet set det menneskelige energisystem. Jorden består også af elektromagnetiske felter som alt andet i universet gør det. Bogens *energisystemer* følger de videnskabelige teorier om elektromagnetisme som blandt andet Michael Faraday og James Clerk Maxwell fandt frem til, samt teorierne bag kvantemekanikken. Bogen tager udgangspunkt i teorierne om bioelektromagnetiske organismer, men der arbejdes også med energier udenfor spektrene videnskaben, ind til videre, anerkender.

Det kan være svært at forstå at mennesket er et elektromagnetisk væsen bestående af atomare og molekylære processer. At kroppen er et energetisk felt bestående af elektriske og magnetiske felter. At DNA'et består af energi, proteiner samt elektrokemiske komponenter lige så vel som de andre celler, CNS, hjertet samt PNS består af denne sammensætning. Alt i kroppen fungerer efter bioelektromagnetiske principper i større eller mindre grad.

Videnskaben bag menneskets energisystem kaldes for bioelektromagnetisme og er en gren i vækst. Til videre studier kan en detaljeret indføring f.eks. findes i bogen *Bioelectromagnetism – Principles and Applications of Bioelectric and Biomagnetic Fields* af Jaakko Malmivuo og Robert Plonsey, Oxford University Press 1995.

Derudover arbejder bevidst evolution med begrebet bevidsthed og psyke på en lidt anderledes måde. Energi opfattes som værende intelligent med evne til mønsterdannelse og kodning. Den intelligente energi, med dens mønstre, er bogens definition på bevidsthed.

Bevidst evolution antager at hjernens energisystem og bevidsthed søger at synkronisere sig med kroppens energisystem og bevidsthed. Herefter søger enhedssystemet at synkronisere sig med Jordens energisystem. Menneskets informationsbehandlingssystemer søger mod et samarbejde med omgivelserne for at opnå de indbyggede og latente evolutionære potentialer.

Bevidst evolutions hypotese er at menneskets energisystem er en aktiv del af Jordens energisystem. Jordens økosystem, dyreliv og menneskehed er interdepente både fysisk og energetisk, fordi vi er skabt af de samme elektrokemiske materialer.

Som vores planet påvirkes af kræfterne fra universet, således påvirkes mennesket, dyreliv og økosystem af disse kræfter på trods af Jordens magnetfelt. Et magnetfelt der i skrivende stund er aftagende og beskytter Jordens og menneskets energisystem mindre end hidtil. Hvordan Jorden og dens menneskehed vil reagere på et aftagende magnetfelt og en mulig polvending, må fremtiden vise. Jorden har haft ca. 9 polvendinger i dens tid, hvor sidste polvending skete for ca. 730.000 år siden. Ifølge statistikker burde dette ske hvert 250.000 år, så tiden er mere end moden hertil. Hvorvidt forandringerne i Jordens klima er menneskeskabt eller stammer fra en tiltagende bestråling fra universet debatteres stadig i forskerkredse.

Hypotesen, i vores sammenhæng, er at forandringer i energiernes sammensætning, i Jordens gravitations- og magnetfelt, påvirker vores energisystem og dermed vores krop, hjerne samt bevidsthed. Hvorfor det er således vil blive forklaret senere, men hænger sammen med menneskets eget magnetfelt omkring krop og hoved. Energetiske forandringer, hidrørende fra planetarisk eller kosmisk stråling, er med andre ord en aktiv faktor i forandringer som styrer evolutionens gang hos både mennesker, dyr og økosystem.

Menneskets forklaringsmodeller på fænomenerne og de indirekte energimæssige påvirkninger, fra kosmos og planeten selv, har varieret gennem tiderne. Forskelle i forklaringsmodellerne hænger sammen med hvilke dele af hjernen, tænkeren på det givne tidspunkt, har aktiveret. Myte, religion, filosofi, spiritualitet og videnskab udtrykker hver deres kategori af menneskelig tankevirksomhed og tager afsæt i forskellige områder af hjernen. Tankeformerne, som udspringer af hjernens underområder og deres forskellige frekvenser, danner også grundlag for mysterielærdomme, visioner og indsigter samt nyere tids alternative tankerækker. Bevidst evolution ønsker at fortsætte denne tradition, men vil se på fænomenerne fra en ny synsvinkel.

Bevidst evolution skal ikke forstås som værende i opposition til hverken videnskab, alternative teorier eller tidligere tiders mysterie-traditioner. De kendte problemstillinger vedrørende mennesket, dets energisystem, formål og virke i universet undersøges, men fra en ny vinkel, hvorfor løsningerne til de samme fænomener bliver en del anderledes.

Næste vigtige forudsætning ligger i at bevidst evolution opfatter menneskets energisystem som værende et åbent system.

Mennesket er et åbent, fluktuerende, interagerede og dynamisk felt af energi i kontinuerlig vekselvirkning med Jordens, og andre menneskers, energi samt de mange livsformer på Jorden og deres energier.

Universet udgøres af elektromagnetisk energi indenfor bestemte spektre og styres af forskellige lovmæssigheder. Kvantemekanikken påviser f.eks. at energi, på mindstedels niveau, interfererer. Påvirker og påvirkes af andre former for energi. Måske endda redefineres af *ydre* energetiske påvirkninger. Det godtgøres at lys består af bølger og udsendes i energipakker. Stof er energi i sit partikelaspekt, men kan blive til bølger under ekstreme forhold.

Energiernes intelligens er det, vi opfatter som bevidsthed. Jeget og sindets mange bevidsthedstyper er produkter af kroppens og hjernens energetiske processer, i hvert fald så længe mennesket arbejder med standardhjernens netværk. Jeget og dets bevidsthedstyper udspringer af hjernens bølgeaktivitet. Af mødet mellem kodet eller betinget elektrisk impuls og stof, og den heraf følgende aktivitet. Hjernens processer måles, ind til videre, indenfor forskellige bølgeområder som alfa, beta, delta og theta tilstande. Bogen antager at bølgestrukturen i hjernen og menneskets organisme interagerer med bølgestrukturen i Jordens energifelt. At menneskets energisystemer samarbejder med Jordens energisystemer indenfor de ekstremt lave frekvensområder.

Bevidst evolution anser bevidsthed og sindet som noget man kan optræne og forandre på linje med Buddhaens lære. Udviklingen af menneskets fulde potentialer starter med at forstå dette faktum. Vigtigheden af først og fremmest at arbejde med sig selv, sindets og kroppens byggematerialer overskygger enhver opnåelse af eventuelle ophøjede sindstilstande og søgen efter andre eksistensformer. Mange års meditation, healings- og energiarbejde understøtter dette. De fleste ophøjede tilstande, med deres visioner og væsener, er sindets illusioner og ikke faktiske eksistensformer på andre tilværelsesplaner. Visioner og ophøjede tilstande er en reaktion på forhøjet elektrisk aktivitet og elektrokemiske forandringer i hjernen. Forandringerne opstår gennem kontakten til nye energier enten fra hjernen selv eller fra eksterne kilder. Uagtet om de forøgede energiniveauer er fra eksterne kilder, af forskellige planetariske og kosmiske årsager, vil visionerne stadig være i overensstemmelse med materialet hjernen ligger inde med, og de dele af hjernen som er aktiveret. De mange tanker, følelser og oplevelser, man har som søgende menneske i sindets rum, skabes mestendels af hjernen selv. Udfordringen ligger i at skelne mellem hjernens eget materiale og de faktiske objektive fænomener. Fænomener fra både denne og andre virkeligheder. Vi ser nærmere herpå i kapitlerne *Strukturel bevidsthed* og *Om myter og visioner.*

Selvidentifikationsmekanismer både som et jeg, dvs. et sansende og erkendende subjekt eller som en bevidst struktur i en eller anden energetisk forstand, opstår via energiernes processer når de antager midlertidig form i tid og rum. Mekanismerne sikrer at energierne kan udveksle informationer med systemerne de opererer i. De opløses igen lige så snart energisystemet forandres eller flytter sig til et nyt punkt i tid og rum. Bevidsthed er en flydende og foranderlig struktur betinget af energierne på spil i og omkring et funktionelt energisystem. Det ligger implicit i denne forståelse at om mennesket ikke udvikler sig, eller påvirkes af ydre energier, vil illusionen om et fast blivende jeg opstå. Der er ingen forandring og derfor ingen udveksling med andre energier til at påvise bevidsthedens og dermed jegets foranderlige struktur.

Begrebet *sjæl* og *det højere selv* falder på samme vis bort i bevidst evolution. Sjælen og det højere selv opfattes som værende *illusoriske størrelser* af to årsager: 1) de er ikke uforanderlige størrelser, der træder ind i mennesket ved dets fødsel, men opstår ved befrugtning og livets dannelse i livmoderen. Sjælen og det højere selv, om vi ser på dem både som bevidsthed og som et livsprincip, afhænger af de elektrokemiske komponenter vi er sammensat af. De eksisterer kun i kraft af og sammen med menneskets elektrokemiske og energetiske systemer. Livsprincippet og bevidsthed opstår via elektrokemiske processer og er foranderlige størrelser med forbindelse til de andre større energisystemer, vores univers er underlagt. Ved døden opløses menneskets fysiske og energetiske system, hvorfor sjælen og det højere selv opløses sammen med systemets øvrige komponenter, og 2) forståelse af sjælen og det højere selv, deres udtryksformer og arketypiske indhold opstår, fordi jeget får adgang til hjernens ukendte områder og energierne her. Herefter projicerer jeget dem over i en gestalt eller et såkaldt højere væsen for på den måde bedre at kunne integrere det nye energiindhold i hjernen.

Vi behøver ikke fortabe os i eksistentielle grunde bag troen på et liv efter døden. Den åbenbare årsag ligger i angsten for den totale udslettelse og lurer bag mange tankeformer som opererer med et liv hinsides. De finere årsager skal findes i det faktum at mennesket er et meningssøgende væsen. Livets mange udfordringer håndteres og forstås lettere om der findes en mening hermed, en art læreproces, der udtrykker sig gennem idéer som karma og troen på genfødsel.

Begrebet *sjæl* stammer oprindeligt fra de tidlige mysterieskolers læresystemer. Sjælen, i disse systemer, ligner mere det vi kalder for bevidsthed eller psyke i dag. I tidligere tiders tankeformer var der en vis tendens til at anse sjælen som værende bærer af livsprincippet eller livsånde (det hebraiske *nephesh* eller det græske *pneuma*). En lignende tanke finder vi i den paulinske forståelse af menneskets konstitution (*pneumatikon* i modsætning til *psychikon*) fra det første århundrede efter vor tidsregning.

De *vediske* tekster, deres forståelse af konkrete offerhandlinger og ritualer til et godt efterliv, stammer fra ca. 1500 til 1000 år før vor tidsregning. I 800 tallet f.v.t. opstod ideen om *en* skabergud, der både fungerede som et princip og et væsen, *Brahman-Brahma*.

Forståelsen af *atman*, den rene bevidsthed, genfødsel og det indre offer i form af yoga og transformation af menneskets konstitution, således at *jivaen* atter blev forenet med oprindelseskilden, stammer fra *Upanishaderne* ca. 700 år f.v.t. samt *Bhagavad Gītā* mellem det 5. og 2. århundrede f.v.t. *Kundalini* og *Hatha Yoga* er sene tankeformer og dukker op omkring 1200 tallet sammen med andre middelalderlige mysterieskoler.

De sidste par århundredes tænkere (ingen nævnt - ingen glemt) har det med at blande retningerne sammen i spirituelle fremstillinger, hvor der ikke skelnes mellem idéernes oprindelse og kontekst. Kort sagt arbejder mange populære fremstillinger med en anden begrebsramme og forståelse af livets oprindelse, menneskets tilblivelse og dets energisystem end bevidst evolution.

Bevidst evolution arbejder dermed ikke med et styrende metaplan i mennesket eller med begrebet individuel reinkarnation, i forståelsen af en forudbestemt fødsel eller en udvalgt livsvej, fastlagt via en sjæls eller et højere selvs intentioner. Der arbejdes ikke med overordnede styrende entiteter i menneskets, Jordens og universets evolutionære processer efter en fremadskridende dagsorden. Energier interagerer og kan indgå samarbejde, men ikke nødvendigvis fordi der er en plan med det. Om man kan fordre at kausalitet som sådan er planløs. Årsag og effekt findes i høj grad i alle systemer uden at der behøver at være anden grund hertil end betingede energier samt efterfølgende reaktioner (også selvom visse kausale hændelser kan synes akausale).

Mennesket står til ansvar overfor sig selv. Det styrer selv sine muligheder og sin udfoldelse i Jordens energisystem. Ved at kende sig selv og lovene for sin egen udvikling opnår mennesket evne til direkte at kunne påvirke sine potentialer i tid og rum. *På trods af dette er en af bevidst evolutions hypoteser at der findes multiple eksistensplaner, energisystemer og energiformer i og udenfor tid og rum.* Det store univers, taget i betragtning af de mange varierende energityper, har selvfølgelig fostret flere livsformer, og steder hvor liv og energi kan udfolde sig, end bare i menneskeheden og på Jorden. Det ligger også implicit at energi og liv kan udtrykke sig i ikke-fysiske tilstandsformer og på ikke-fysiske eksistensplaner. Bevidst evolution forudsætter et konkret og ligeværdigt samarbejde mellem disse forskellige systemer, et samarbejde mennesket til enhver tid har mulighed for at opnå gennem sit bevidste evolutionære bygningsarbejde.

Alle systemer udvikler sig, i varierende grader og på forskellige måder, gennem et uendeligt kredsløb af matrixlignende sfærer uden begyndelse eller ende. Hvorvidt systemerne danner sfærerne eller sfærerne danner sig selv, således at systemerne kan udvikle sig, er to sider af samme sag.

Sfæresamlingen, hvis vi kan kalde den for det, er et autonomt system af energi og midlertidige betingede tilstande og skaber alle former for liv ud af sig selv. Sfæresamlingen dannes ud fra en pøl af muligheder, som forfatteren kalder for *potentialefeltet bag tid og rum* (PBTR). Fra PBTR opstår og forgår alle tilstande. Dette skal forstås således at alt som er, har sin egen oprindelse og sin egen afslutning i sig selv. Hvad der føres videre i kredsløbet afhænger af det som er gået forud. De forskellige energisystemer opløses fra en tilstand og føres videre til andre eksistensplaner i en anden tilstand. Her udgør de potentialer for andre livsformer som byggemateriale med en vis betingning. Dermed forsvinder idéen om et blivende højere jeg. Mennesket, dets jeg og bevidstheder opløses i sine komponenter, som tidligere nævnt, ved dødens indtræden og spredes efter sin art og frekvens i systemet til videre anvendelse. Ansvarligheden overfor sig selv og helheden ligger i forståelsen af denne videregivelse af ens energier til andre eksistensformer, på samme vis som vi er betinget af bidrag fra andre energisystemer. Mennesket er herre over sit energisystem, da det er opstået i sig selv, ud af de byggematerialer som nu var for hånden på det angivne tidspunkt i tid og rum. Vi ser nærmere på karma i kapitlet *Om karma.*

Bevidst evolution forudsætter at alle livsformer består af partikler og bølger med forskellige grader af selvbevidsthed. Partikler har det med at støde ind i hinanden og give udtryk for en form for adskilthed, men på bølgeniveau interferer bølger med bølger. Energi på bølgeniveau går i resonans og vekselvirker. Fungerer som en helhed, men på forskellige frekvenser. På bølgeniveau er alle systemer i vekselvirkning, hvorfor menneskets energisystemer også interagerer med Jordens energifelter. Bølger fungerer som gigantiske felter af energi samlet i én stor matrix. Energi agerer *intelligent* eller bevidst i sig selv. Kroppen, hjernen og bevidsthedsformerne er intelligent energi.

Bevidst evolution antager at energiernes intelligens viser sig som geometriske og krystallinske mønstre. Mønstrene udgør energiernes sprog. Indtil videre arbejder vi med energiernes sprog ved hjælp af matematik, fysik og maskineri, men vi kan kommunikere direkte med energi gennem vores hjerne med dens evne for lyd- og billeddannelse samt andre former for erkendende processer.

Psyken dannes ud af energetiske mønstre skabt af de energityper, vi kalder følelser og tanker. Tanker og følelser er basalt set elektrokemiske processer og danner målbare energimønstre i hjernen.

Mønstrene har varierende frekvenser og udformninger, og kaldes en tankeform. Tankeformer består af energi og kan interagere med lignende typer energi. De udfolder sig primært i energisystemet hos mennesket, men kan også udfoldes i Jordens energisystemer.

Tankeformerne i Jordens energisystem vokser eksponentielt med kontakten til menneskelige tankeformer. Energierne akkumulerer sig til kollektive tankeformer som præger menneskehedens bevidstheds-struktur. De punkter vi får kontakt til, i de kollektive tankeformer, udfolder sig i en form for psykiske billeder, en slags gestalter eller som idéer. Jung kaldte disse for *arketyper*.

Tankeformerne består af finere former for sammenvævet energi og arketyperne udtrykker synlige sekvenser i energitæppet. Arketyper kan interagere med hjernens energistruktur og omvendt. Arketyper behøver ikke være gestalter i menneskelig form, de kan også være symboler, farver og andre genkendelige energimønstre. I sidste ende handler det om hvor udviklet sindet eller *den strukturelle bevidsthed* er, hvilket er et og samme.

Den strukturelle bevidsthed indeholder evnen til at se, forstå og afkode arketyper, men er også det materiale arketyperne bruger til at kunne fremtræde i vores bevidsthed. Alle former for introjiceret eller registreret materiale udgør forskellige energiniveauer i hjernen, og arketyperne anvender disse erkendte og uerkendte lagrede energier til deres budskaber. De anvender hjernens energimønstre og bygger en passende gestalt herfra og på den måde skabes der forbindelse til hjernens energisystem. Personlige arketyper kan også genereres, når tænkeren får kontakt til ubevidste energilag i hjernen. Tænkerens eksisterende energimønstre udbygges gennem kontakten til arke-typernes energi og hjernens energetiske netværk udvikler sig derved. De mange bevidste og ubevidste tankeformer, deres matrixlignende strukturer og gestalter udgør til sammen det kollektive ubevidste. I kapitlet *Strukturel Bevidsthed* gennemgås alt dette.

Mønstergenkendelse er nøgleordet til kommunikation med energi. Hemmeligheden ligger i at få hjernens frekvenser op i så højt et gear at hjernens processer og tankeformer udfolder sin iboende geometri, hvorved vi kan observere energimønstrene direkte. Vi kan lære at se de krystallinske mønstre eller geometrien i hjernens processer, fordi vi allerede besidder evnen latent. Evnen hertil folder sig ud i drømme, i indre billeder, men også hukommelse og andre visuelle processer er mønstergenkendelse. Enhver form for billeddannende processer er mønstergenkendelse. Lyd er også mønstergenkendelse, hvorfor vi på et bevidst niveau kan lære at høre mønstrenes toner.

Energetiske processer afgiver lyd. Harmonisk eller uharmonisk. Lyd er både et resultat af energetiske processer, men er også en metode til at kode energimønstre. Den dybere forståelse af energimønstrenes dynamik, til opgradering af ens potentialer samt arbejdet med PBTR, er udenfor for bogens rammer, men bearbejdes i bogen *Geometrisk Alkymisk Psykologi*.

Mennesket har ikke kun en type bevidsthed. Vi har faktisk lige så mange typer bevidsthed som der er overordnede energiområder i hjernen og i resten af kroppen. Vi skal lære at anvende de forskellige bevidsthedstyper for at kunne aflæse energiernes mønstre. Første skridt ligger i at rette opmærksomheden mod vores indre processer, frem for en opmærksomhed rettet mod omgivelsernes mønstre eller fænomener. Herved opnås en erkendelse af den dobbelte dualitet i vores personlighed eller jegets spændingsfelt.

Spændingsfeltet udgør *opfattelsen af mig selv og min hjernes processer* samt et *mig selv i forhold til mine omgivelser.*

Den dobbelte dualitet viser sig gennem tankerne vi gør om os selv, andre og omgivelserne. Tankerne danner basis for de forklaringer og historier, vi definerer os selv og den oplevede virkelighed igennem. På den måde giver vi vores erkendelser og fænomener en mening og et indhold. Dualiteten viser sig gennem indfald samt gode idéer, men også gennem drømme og andre spontane billedsekvenser hjernen kunne finde på at bidrage med.

Jegets spændingsfelt:

Opfattelsen af mig selv
(tanker og følelser)

Mig selv
(psyke og krop)

Mine omgivelser
(fænomener og andre mennesker)

Min hjernes autonome processer
(fysiologiske og neurologiske)

Kontakt, forståelse og interaktion med indre og ydre energimønstre sker hele tiden. Mange aktiviteter i menneskets energisystem sker ubevidst. De mange ydre og indre energimæssige påvirkninger fra lyd, lys og mønstre skal observeres og bearbejdes af en koordinerende funktion, *jeget*, før de kan integreres og blive bevidste. På den måde bliver jeget og bevidstheden to sider af samme sag i menneskets udviklingsprocesser. Så længe mennesket udvikler sin hjerne indenfor standardfeltet vil jegets struktur udvikle sig sammen med energiernes intelligens.

Jegets primære opgave består i finde en passende forståelse af det oplevede eller sansede. Jeget er en vigtig medspiller i udviklingen af hjernens specialiserede funktioner. Jegets sekundære opgave er at styre følelsernes og tankernes anarkistiske og autonome processer, hvilket ind i mellem kan synes at være en uoverkommelig udfordring. Tanker og følelser er den instinktive reaktion på ydre eller indre påvirkninger af henholdsvis kroppens og hjernens energisystemer.

Gennem bl.a. meditation og psykoterapi øges jegets forståelse og skelneevne. Metoderne udvikler øget kontrol over tanker og følelser, hvilket er nødvendigt i arbejdet med at forstå os selv og vores hjerne.

Hjernens funktionalitet og plasticitet forandrer sig med integration af højere former for energimønstre og derved forandres den direkte forbindelse mellem bevidstheden og jeget. I stedet for at fungere som to sider af samme sag adskiller de sig, for en periode, og bliver til to selvstændige informationsbehandlingssystemer. Hjernen udvikler sig nu asynkront gennem sekundære, tertiære og kvaternære baner der viser sig i etaper. Jeget bliver i denne periode til et oplevende subjekt af de visioner og gestalter som skabes i de anlagte baner i hjernens *grå masse*. I samme periode vågner kroppens latente bevidsthedsfelt, hvilket vi ser nærmere på i kapitlet om *Receptiv Bevidsthed*.

Cellernes partikelstruktur omdannes til at kunne fungere dynamisk ala hjernens celler og på den måde opnås dialog med hjernens energisystem. Dette kan synes usandsynligt, men om man forstår at et atoms inderste struktur mestendels består af tomrum og styres af kvantevirkelighedens principper, bliver dette ikke så usandsynligt endda.

Virkelighedens natur skal forstås relativt og opfattes som et udtryk for forskellige energi- og frekvensniveauer. Det ser vi på i kapitlet om *Virkelighedens Natur*.

Når den receptive bevidsthed er fuldt integreret i hjernens energifelter, vil de to systemer søge at danne en højere enhed. De tre bevidsthedsformer i hjernen, kroppen og jeget forener sig derefter på et højere niveau.

Herefter vil den strukturelle bevidsthed forbinde sig med kroppens udbyggede sanseapparat, den receptive bevidsthed, kombineret med et højtudviklet jeg, og der opstår det vi reelt kan kalde for *højere bevidsthed eller dynamisk bevidsthed*. Lad os nu gå i dybden med teorien.

Strukturel bevidsthed

Mennesket og et af dets bevidsthedstyper består af lagdelt energi i og omkring hjernen. Kroppen har sit eget energisystem og bevidstheds-type, hvilket vi vil se på senere. Hjernens energisystem viser sig som elektrisk bølgeaktivitet i hjernen, og ned langs rygraden om energien bliver høj nok, med et målbart magnetisk felt omkring. Sidstnævnte er mindre synligt omkring rygraden end feltet omkring hjernen. De fleste mennesker har et svagt og usynligt magnetfelt. Videnskaben måler hjernens elektrokemiske aktivitet og kortlægger dens elektriske eller magnetiske felter. De kan også måle cellernes elektromagnetiske aktivitet via ændringen af spændingsforskellen i membranpotentialet. Aktive celler aflader og skal bruge energi til at lade op igen. Under afladningen opstår både elektriske og magnetiske felter. Grundet cellernes facon dannes der looplignende bevægelser i magnetfeltet, hvorved et cirkulært magnetfelt omkring cellerne opstår. I kvadratiske og lineære systemer løber energien i magnetfeltet anderledes. De små dipolmomenter i cellerne genererer det større felt i organerne og fremdeles. Menneskets energisystem består af indre lineære og ydre cirkulære magnetfelter.

Alle celler i kroppen har et membranpotentiale. Nerveceller og hjerneceller har et impulsmoment, hvilket de almindelige celler ikke har. De leder ikke energi som nerve- og hjerneceller, men danner et stående eller statisk energifelt omkring sig. Hjernens energisystem består af elektrokemiske komponenter med deres elektromagnetiske felter, impulsmoment og dipolmoment, der tilsammen skaber det vi almindeligvis definerer som bevidsthed. Centralnervesystemet inkl. hjernen, hjertet, organer og det perifere nervesystem interagerer via deres omgivende energifelter. De udgør størsteparten af organismens elektromagnetiske system. Organismens energisystem består tillige af magnetfelter, meridianbaner samt energimønstre.

Menneskets *meridianbaner* genereres via elektrokemisk aktivitet, om vi forudsætter at bioelektromagnetisk energi har målbare og ikke-målbare frekvensområder. Ikke-målbar energi er, i denne kontekst, energiniveauer videnskaben endnu ikke har opdaget, fordi målingen heraf afhænger af instrumenternes følsomhed og hvorvidt støj fra omgivelserne kan frasorteres eller ej.

Meridiansystemet betragtes derfor ikke ud fra en metafysisk eller alternativ vinkel, men som et naturligt fænomen. Meridianbanerne er energistrenge der opstår fra ioniseringsprocesserne i kroppen, lidt på samme måde som nordlys opstår i Jordens magnetfelt. De består af ultrafine energitråde og findes i hele kroppen. Menneskets energisystem består af et større magnetfelt i interaktion med omgivelsernes energier og meridiannetværkets tråde som supplerer og udspringer af de indre aktiviteter i energisystemet.

Vi kan betragte meridiansystemet som en art potentiel energi i et søsterfelt i mennesket. Et søsterfelt, hvor de integrerede energier kan opgradere organismens energisystem og udstrålingsfelter. Meridiansystemet vedligeholder menneskets elektromagnetiske system i tæt samarbejde med Jordens energisystemer. Desværre forhindres denne energiudveksling ofte af ubalancerede og ødelagte energitråde, og sygdom, stagnation samt tab af energi bliver resultatet. Døden kan være en effekt af forringet energitilførsel til organismens system. Alle livsprocesser opstår via samspillet mellem betinget energi, over- og underordnede elektromagnetiske felter samt kemiske komponenter, dannet ud af Jordens energisystemer, og forgår når de ikke tilføres ny energi. Et lukket energisystem henfalder og opløses når energien i systemet er opbrugt.

Hjernens magnetfelt dannes som effekt af neuronernes elektrokemiske processer samt meridianbanernes aktivitet, men også via andre aktiviteter såsom tankeformer og energimønstre.

En tankeform kan opfattes og identificeres som et energimønster, men de kan også betragtes som to forskellige ting. Det afhænger af energisystemets frekvens- og udviklingsniveau. Betegnelsen energimønstre er valgt ud fra den tankegang at alle energier, i bund og grund, består af geometriske mønstre eller krystalliserede former. Energiernes betingning og bevidsthed viser sig gennem mønstret de danner. Strukturerne eller fraktalerne definerer energiernes frekvens, art og kodning.

F.eks. er energimønstrene nær *potentialefeltet bag tid og rum* (PBTR) anderledes end de elektrokemiske krystalliseringer vi ser i atomer, molekyler osv. Mønstrene, vi kan måle og veje, udgør kun en brøkdel af det store oprindelige felt de udfolder sig af. Det fysiske vil altid synes mindre end det faktiske virkelighedsniveau det udspringer fra. Som bølgetoppen på oceanet eller lynet på himlen. Den enkelte sekvens, hjernen kan opfatte og omsætte til erkendelse, er betinget af hjernens frekvensområder samt fragmenterede måder at opfatte informationer på. Bag hver lille *elementarpartikel,* det være sig kvark, lepton, fermion eller boson findes et PBTR, et kvantefelt samt et matematisk beregneligt mønster de kan udfolde sig fra.

Tankeformer kan opfattes som energimønstre, men energien i dem er af en anden type end de basale energimønstre i menneskets energisystem. Hvor energimønstrene er en udfoldelse af PBTR, via kvantefeltet og elementarpartiklerne, opstår tankerformernes energi først med bevidsthedsprocesserne i hjernen. De er lagring af energier (tanker og følelser) i bestemte formationer alt efter den energitype som hyppigst anvendes. Energitypen bestemmes af bevidsthedsprocessernes elektrokemiske aktivitet, såsom *neurotransmittere* eller *endokrine* såvel som *eksokrine* sekretionsprodukter, f.eks. hormoner, og samspillet med hjernens energiniveauer. Tankeformerne lægger sig som *plasma* rundt om i magnetfeltet. Vi kan her anvende fysikkens forståelse af plasma, da energien i tankeformen som sådan også er løsrevet fra de oprindelige molekylære og atomare processer i hjernen. Tankeformer befinder sig på ikke-målbare elektromagnetiske niveauer og interagerer med energi på lignende og komplementære niveauer.

Tankeformer forhindrer eller forøger hjernens interaktion med omgivelsernes energier. De betinger hjernen til kun at være i vekselvirkning indenfor frekvenserne som dannes af de hyppigst anvendte elektrokemiske komponenter. Hovedårsagen til energitab, ubalancer, forvredne og ødelagte energistrenge i det ydre og indre energisystem i hjernen stammer ofte fra tankeformer. Den samme betingning, af hjernens energisystem via tankeformer, kan bruges konstruktivt og er en af teknikkerne bag kontakten til højere energier og tankeformer i det kollektive felt som omgiver Jorden. Evolutionen tilbyder os, via vort energisystem, utallige udviklingsmuligheder. Desværre har vi kun taget få dele af vores potentialer i brug. Den normale og daglige anvendelse, af hjernens energisystem, udmønter sig i den strukturelle bevidsthed.

Strukturel bevidsthed opstår som et resultat af hjernens generelle processer. Hjernens synapser, neuroner og neurale netværk aktiveres når vi læser, skriver, taler, danser, tænker, maler, føler, motionerer osv. Hver eneste følelse, tanke og handling danner energi og nye synapser anlægges i det netværk storhjernen består af. Jo mere vi lærer, opnår nye erkendelser, foretager os nye handlinger, søger nye oplevelser og udfordrer os selv desto mere udvikles storhjernens netværk, og dermed omfanget af den strukturelle bevidsthed. De fleste mennesker udvikler sig inden for et generelt elektromagnetisk spektrum, et *standardfelt*, hvorimod det bevidste menneske søger at individuere eller løsrive sig herfra. Et sådant menneske udnytter de muligheder som hjernens netværk og den strukturelle bevidsthed tilbyder. Hjernens processer, samt naturlige anlæg for at komprimere energi i synapser og netværk, genererer de forøgede mængder energi vi behøver i løsrivelsen fra standardfeltet. Forøget hjerneaktivitet, et større og kraftigere energisystem, vil helt naturligt søge resonans og udveksling i højere vibrerende områder af Jordens energisystem som rækker langt ud i universet.

Standardfeltet, indenfor hjernens almindelige aktivitetsområder, ligger på ca. 8-30 Hz som er parietallap og frontallappens frekvensområder. Bevidst evolutions påstand er at hjernens frekvensspektrum følger Jordens elektromagnetiske baggrundstæppe.

Menneskehjernens evolutionære potentialer består dermed i at udvikle hjernebølger i overensstemmelse med Jordens energisystem.

Her kommer Schumann resonansen ind i billedet. Denne udgør det elektromagnetiske område tættest på Jordens overflade, med et frekvensspektrum på ca. 3-69 Hz, og strækker sig op til ionosfæren.

Ionosfæren er det lag af atmosfæren, hvor mængden af positivt ladede atomer og negativt ladede elektroner er størst. Den udgør, sammen med thermo- og exosfæren, den sidste afgrænsning mod universet. Ionosfæren påvirkes af soludbrud og lignende fænomener. Virkningerne heraf ses i fænomener som nordlys. Disse opstår når ionosfæren exciteres af energirige partikler fra solen såsom protoner.

Hjernens aktivitet viser sig gennem tænkning og andre metoder for bevidst og ubevidst bearbejdelse af energi. Betegnelsen for hjernens samlede aktivitet kaldes, som før nævnt, for strukturel bevidsthed (SB). Gennem SB bliver energierne samlet, struktureret og omdannet til teoretiske sammenhænge eller tankeformer. Hjernen er altid i aktivitet, også når vi sover. Hjernen, og resten af centralnervesystemet (CNS), bearbejder energetiske påvirkninger fra omgivelserne og holder styr på indre sansninger. CNS og det perifere nervesystem (PNS) styrer kroppens mange processer såsom iltniveau, væske og salt balance, tryk, termostat, stofskifte og hormonsystem.

Billeder og perception i almindelighed, samt deres indvirkning på vores system, kaldes tillige for energimønstre. Billeder er sammensat af mindre bestanddele, sekvenser med varierende frekvenser, som øjets celler registrerer. Huden registrerer energetiske påvirkninger på samme vis som hænder, ører og andre sanselegemer, vi endnu ikke har taget i anvendelse, registrerer og sanser energetiske påvirkninger. Den strukturelle bevidsthed omdanner registrede energier, mønstre og frekvenser til forståelige sammenhænge alt afhængigt af det område der aktiveres i hjernen. SB lægger energimønstrene sammen, hiver dele ud til undersøgelse, fjerner andre dele og sætter dem sammen igen. Nogle af de energetiske mønstre når frem til bevidst bearbejdelse og andet bearbejdes ubevidst udenfor jegets grænser.

Tænkning er i bund og grund hjernens bevidste måde at bearbejde energi på. Energien behandles gennem aktiviteten i de forskellige underområder i hjernen og deres elektrokemiske processer. Gennem SB lægges de energetiske mønstre i passende baner, fragmenteres og differentieres. Den strukturelle bevidstheds opgave er at klassificere det vi ser, oplever og sanser i overordnede baner i storhjernen.

Banerne i storhjernen kaldes for primære, sekundære, tertiære og fremdeles. Banerne skabes, og lagrer informationer, alt efter elektrokemisk art, frekvens og energimønster. Vi holder os for øje at banerne er *imaginære* og de kun tjener vort formål til en forståelse af hjernens processer. Der hersker dog ingen tvivl om at hjernens netværk er opdelt efter en eller anden struktur. Måske efter forskellige former for neuroner eller neurotransmittere. Alligevel er strukturerne, i hjernen, ikke så håndgribelige at vi kan sige ”aha dette stammer fra den eller hin bane" og faktisk finde dem, om vi åbnede hjernen eller skannede den med instrumenter.

De primære baner bearbejder energierne og materialet fra vores dagsbevidste tænkning og forståelse af verden. De håndterer bevidst bearbejdelse indenfor de accepterede rammer af menneskelig væren. Rammerne defineres gennem opdragelse, normer, kultur, studier og lovgivning. De primære baner danner grundlaget for bevidstheden og vores selvidentifikationsmekanismer, samlet set vores jeg.

De sekundære baner opsamler energi og udgør niveauer i hjernen bag jegets aktivitetsområde, og udløses i f.eks. drømme og visioner. Hjernen lagrer energityper og tankeformer i de sekundære baner der ikke passer ind i de primære baners kvalifikationssystem.

De tertiære baner opsamler og bearbejder energi fra det kollektive bevidsthedsfelt. Opsamlingen foregår helt uden for vores bevidste kontrol. Feltet består af tankeformer og energier i forskellige mønstre og udgør summen af menneskehedens magnetfelter, energimønstre og energier fra Jordens eget system.

Selvfølgelig anlægges der yderligere baner i hjernen end de her opregnede. *De kvarternære* baner indeholder den energi vi opfatter som *vores højere selv*, om vi kan aktivere disse frekvenser i hjernen. Energierne hertil stammer fra højere frekvenser i Jordens magnetfelt og muligvis energier fra ionosfæren og kosmos. Anskuer vi hjernens netværk fra denne platform bliver antallet af mulige baner i hjernen uendeligt. Antallet bestemmes af integration af energi og variationen i frekvenser.

Hjernen danner fraktaler, og komprimerer dem, i et så omfattende netværk at vi endnu ikke forstår det fulde omfang heraf. Netværket og banerne er det vi skal lære at forstå, samarbejde med og udvikle bevidst. Første værktøj, i denne proces, er forståelsen og anvendelsen af den strukturelle bevidsthed.

Hjernen opdeles traditionelt i lillehjerne, mellemhjerne og storhjerne osv. Dens funktionaliteter inddeles i underordnede centre. Centret for lydbearbejdning, hørelsen, findes i et center over ørerne. Synsbearbejdningen placeres i issen, i synscentret. Balancecentret lidt lavere. Empatien placeres i frontallappen og hukommelsen findes i hippokampus. Thalamus behandler sanseorganernes informationer. Følelserne bearbejdes via amygdala i samarbejde med hypothalamus, hypofysen og det limbiske system i al almindelighed.

Menneskets hjerne kan klassificeres, men kun fordi vi er enige om at det er muligt, bliver det muligt. Videnskaben er fortaler for logisk, rationel forståelse baseret på empiri og gentagne eksperimenter med samme udfald. Videnskaben, under et, er dog ikke de første til at klassificere omverdenen på en logisk og fornuftig måde.

De tidlige filosoffer, videnskabens forfædre, var allerede i gang med at dyrke venstre hjernehalvdel i årtusindet før vor tid. Venstre hjernehalvdel er *per se* hovedsædet for den strukturelle bevidsthed, men den strækker sig også ind over højre hjernehalvdel. Højre hjernehalvdel supplerer venstre hjernehalvdels abstrakte og fragmenterede måde at bearbejde informationer på og omdanner disse til helheder og billeder. Til kreativitet og skabelse.

Der findes flere forskellige klassifikationer til hver hjernehalvdel, men de er ikke væsentlige i denne kontekst. En opdeling af hjernen, i underområder, er et arbejdsredskab og ikke en anatomisk sandhed. I virkeligheden kan hjernehalvdelenes funktioner substitueres til andre områder i hjernen om der opstår skader i centrene. Hjernecellernes plasticitet sikrer en fleksibilitet områderne i mellem og de forskellige arbejdsområder bør kun opfattes som første valg - ikke det blivende eller uforanderlige valg. Genoptræning kan få et hvilket som helst område i hjernen til at overtage funktioner fra et andet område.

Måske det vil være en idé at se på den strukturelle bevidsthed fra en blødere vinkel. Lad os se på hvordan den strukturelle bevidsthed har givet og giver sig til udtryk kulturelt, spirituelt og filosofisk.

Den strukturelle bevidsthed (SB) har været i blandt os ganske længe. Klassifikation af guderne er en del af denne form for tænkning. Lige så længe skriften har været anvendt, som medie for vores indre processer, har strukturel tænkning været en del af vores kulturarv. Før denne tid, ca. 4.500 år før vor tidsregning, ved vi ikke hvordan bevidstheden i mennesket har set ud. Vi har få vidnesbyrd herom. Fortiden har ikke efterladt meget andet end visse figurer i ler, sten og smukke hulemalerier vi tenderer mod at tolke som beviser på en simpel bevidsthedsstruktur. Fremtidige udgravninger vil naturligvis åbenbare flere hemmeligheder for os, og de vil fremvise en større intelligens og bevidsthed end hidtil antaget. Det er blot et spørgsmål om tid før de vedtagne forskningsområder, paradigmer og forståelse af fortidens menneskehed rykker sig. Bevisbyrden i form af artefakter med en forfinet bearbejdelse og anvendelse af metaller, der falder uden for de vedtagne tidsaldre, vil forandre vores traditionelle forståelse af menneskets evolution. Micheal A. Cremo, i samarbejde med Dr. Richard L. Thompson, er et eksempel på paradigmebrud med deres *Forbidden Arcehology*. Desuden sætter udgravningssteder som *Harappa* og *Mohenjo-Daro* vores forståelse af fortidsmennesket, og dets udbyggede tekniske viden, i et nyt lys.

Menneskehedens bevidsthedstype før skrifttavlerne er kvalificeret gætværk fra antropologer, arkæologer og andre dygtige videnskabsfolk. Videnskaben vurderer ud fra den bevidsthedsform og kontekst vi er underlagt i dag. Vi kan søge i historiebøgerne eller i det kollektive bevidsthedsfelt, men alt hvad vi finder dér er viden i lighed med den bevidsthedsform eller område af hjernen, vi anvender i vores søgen. Vi finder passende svar til vores spørgsmål, defineret af vores hjernes energetiske begrænsninger. Sandheden viser sig i identiske tankeformer svarende til hjernen der søger den. Svarene ligger også op ad andres svar, så længe vi søger indenfor de selvsamme rammer de har anvendt.

Ser vi med øjnene, får vi billeder. Hører vi med ørene, får vi lyde. Sanser vi med næsen, får vi lugte. Sanserne, og deres evne til at aktivere bestemte lag i vores hjerne, danner deres egne sandheder omkring verden. Vores registreringssystem defineres af vores sanser og de tillærte erkendelser, de medfører. Resultaterne baseres på de erfaringer og den tilhørende information vores hjerne lagrede, da oplevelsen hændte os første gang. På denne måde erfarer vi intet grundlæggende nyt. Vi er nødt til at bryde de vante informations- og behandlingssystemer for at opnå ny viden og nye erkendelser.

Vi støder hermed på den næste udfordring, for hvilket energetisk informationsbehandlingssystem skal vi så anvende?

Vores intuition og klartfølende sanser er ikke svaret. De fungerer i overensstemmelse med den strukturelle bevidsthed der klassificerer oplevelserne. Vor hjernes aktive baner definerer vores tænkning og forståelse af det vi sanser bevidst, ubevidst, intuitivt eller clairvoyant. Sanserne ligger i de primitive dele af hjernen, hvorimod forståelsen af dem ligger i midt- og forhjernen. Om vi ikke kender os selv, kender vi heller ikke verden. Kender vi os selv, kender vi verden. Forståelsen af verden reflekterer det, vi er eller det vores hjerne er. Vores hjernes udviklingstrin og vores opfattelse af verden er et og samme, uanset hvilken højtudviklet sans vi anvender.

Vores forståelse af verden er en projektion, en avanceret illusion, defineret af vores hjerne. Og det på trods af at illusionen omkring virkeligheden uddybes for hver ny sans vi aktiverer. For hver ny del af hjernen vi tager i anvendelse. SB dominerer vores perceptioner via bearbejdningen af informationerne den tilføres fra det omgivende energihav. Vi taler om energipåvirkninger fra mennesker, hændelser i tid og rum og omgivelsernes energier. Hjernen aflæser omverdens energier og omsætter dem til brugbar information gennem SB.

Den strukturelle bevidsthed er styret af konventioner, kollektive arketyper og almindeligt anerkendt menneskelig adfærd. SB er styret af religion, videnskab, filosofi, psykologi, esoterisk lære, astrologi og alle de andre former for klassifikationer af mønstre og energier, vi har accepteret som værende gyldige teorier for os. Den strukturelle bevidsthed styrer vores verdensopfattelse gennem det, vi har lært og skaber meningsdannende rammer eller referencepunkter vi anvender til at definere vores selvforståelse, vores jeg, igennem.

I det øjeblik energi skal bearbejdes og sættes i system anvender hjernen den strukturelle bevidsthed. Det gælder uanset om redskabet er rationel tænkning eller intuition, clairvoyance, empati, telepati, psykokinese, klarhøring osv. Når vi søger at forstå vores sansninger, vores erkendelser og tanker anvender vi hjernens evne til at sortere information. Vi anvender den strukturelle bevidsthed med dens talent til at inddele og opdele energi i kendt og ukendt information.

Adskillelsen af begrebet videnskab og alternativ lære, bliver i den sammenhæng, lige så imaginær som den bevidsthed der definerer teoriernes indhold gennem sit strukturelle redskab.

Astronomen og astrologen, lægen og den alternative behandler arbejder indenfor samme type bevidsthed ud fra denne forståelse, bare gennem hver sin del af hjernen. Hvor astronomen og lægen søger at forstå alting, primært gennem venstre hjernehalvdels logik, søger astrologen og den alternative behandler primært forståelse gennem højre hjernehalvdels helhedsforståelse og billedsprog. På trods af forskelle i hjernegymnastik og anvendte områder, arbejder de med samme bevidsthedstype. De udtænker deres systemer og modeller gennem SB, dens tankeformer og energimønstre. Videnskab og spiritualitet kan mødes når vi søger fællesnævneren, SB, opdelt i perception og erkendelse via hjernens forskellige underområder.

Vi anvender alle den strukturelle bevidsthed gennem forskellige områder af hjernen. Brugen af hjernen, og variationen områderne i mellem, skaber forskellene i tænkning og forståelse af verden. Både nu og tidligere. De ældre dele af hjernen blev udviklet og forfinet af fortidens menneskehed, mens den fremadskridende tænkning har udviklet nye dele af hjernen. Vi bliver klogere, danner flere neurale netværk og anvender nye dele af midt- og forhjernen. Men på trods af de nye netværk og tankeformer anvender mennesket stadig det samme klassifikationssystem.

Den strukturelle bevidsthed må erkendes for det den er, før vi kan ændre dens monopollignende status. SB er klassifikation, paradigmetænkning, separatisme og den findes i både esoterisk og eksoterisk litteratur og tænkning. Enhver form for tænkning, hvor vi udarbejder modeller og systemer, er den strukturelle bevidsthed uanset om indholdet er filosofisk, alternativt, religiøst eller videnskabeligt.

Den strukturelle bevidsthed har dog stadig sin berettigelse, også i vor tid. Vi har arbejdet i årtusinder på at forfine den strukturelle tankegang og hvorfor smide noget ud der fungerer upåklageligt? Tænkningens bevidsthedstype, som den strukturelle bevidsthed også kan kaldes, har været menneskehedens foretrukne erkendelsesredskab i lange tider. Intet skal smides ud - der skal blot bygges til. Vi skal erkende de mange andre bevidsthedstyper evolutionen stiller til rådighed for os.

På næste side er der en liste over eksempler på den menneskelige tænkning, hvor erkendelserne struktureres gennem et system.

Eksempler på klassifikationssystemer:

- Samspil mellem guder og menneske (mytens begrebsapparat)
- Den guddommelige skaber (religionernes begrebsapparat)
- Den universelle tanke (gnostikernes begrebsapparat)
- Kabbala (sumerisk, chaldæisk, ægyptisk og jødisk mysticisme)
- I Ching (kinesisk mysticisme)
- Alkymistens tankeunivers (middelalderens mysticisme)
- Videnskab i alle afskygninger (vor tids begrebsapparat)
- Alternativ lære (esoterikernes begrebsapparat)
- Astrologi
- Numerologi
- Tarot
- UFO'er, aliens, fjerne planeter, stellare livsformer osv.

Tænkningens bevidsthedstype og udviklingsmuligheder har faktisk en model knyttet til sig. Vi møder den, i vores kulturkreds, i det gamle testamente hvor modellen kaldes for *Kundskabens Træ*. Vi finder afbildninger af Træet i sumeriske friser, længe før det hebraiske folk begyndte at anvende det. Simo Parpola diskuterer Træets oprindelse og anvendelse i sin artikel *The Assyrian Tree of Life: Tracing the Origins of Jewish Monotheism and Greek Philosophy,* Journal of Near Eastern Studies 1993.

Den oprindelige betydning af Træet er svær at gennemskue i de patriarkalske Mosebøger. Betydningen af indholdet i Genesis, og de andre 4 Mosebøger, diskuteres stadig blandt de lærde. Måske skal det gamle testamente eller *Torahen*, som jøderne kalder deres hellige bog, tolkes allegorisk eller okkult eller måske skal betydningen søges i flere lag, såsom et psykologisk, et religiøst og et esoterisk lag.

Kundskabens Træ

(Kabbalaens model)

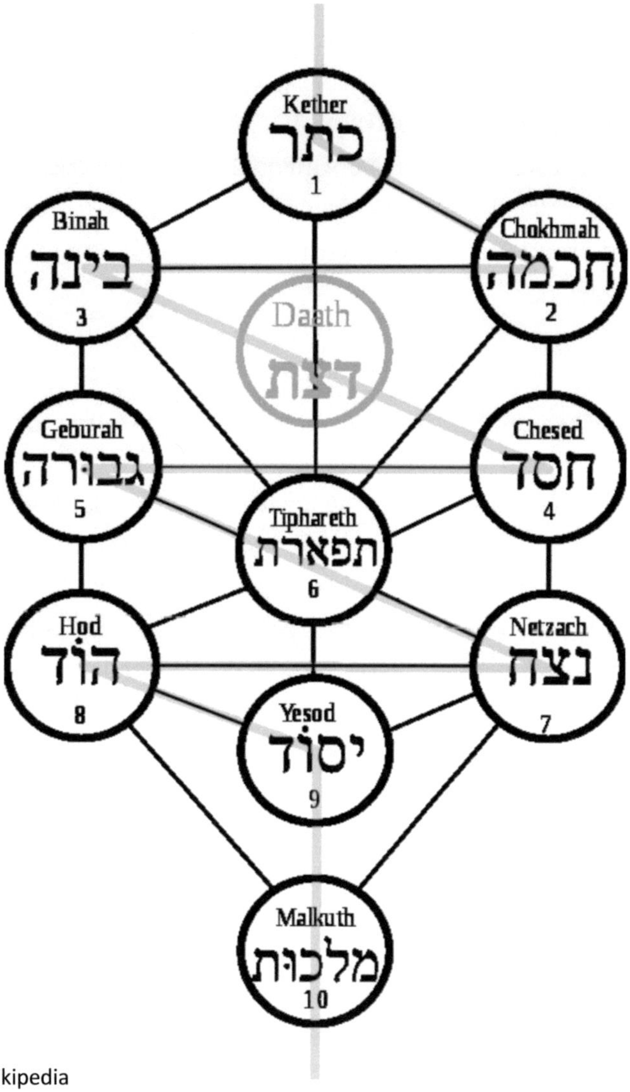

Wikipedia

Kundskabens Træ ligger bag den kabbalistiske tankegang. Hensigten har, siden tidernes morgen, været at udvikle menneskets bevidsthed. Kabbalisten søger, mediterer og studerer det guddommeliges mange emanationer i Træets mange lag. Træet betragtes som en *MerkaBah*, et fartøj, til de højere sfærer mennesket har mulighed for at besøge og integrere. Den mest kendte udgave, kreeret som et modstykke til den rabbinske *Midrash*, er *Zohar* (זֹהַר) fra det 12. århundrede skrevet af Simon bar Jochai.

Kundskabens Træ

(Vores model)

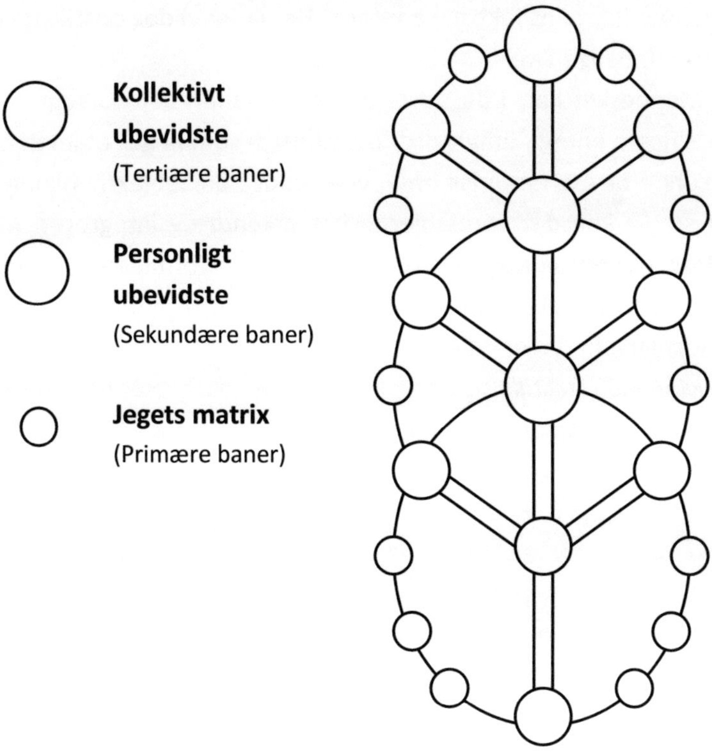

Den oprindelige model viser hvorledes Kundskabens Træ dækker over tre sfærer med guddommelige væsener. I vores model symboliserer Kundskabens Træ de primære, sekundære og tertiære baner og fremdeles i jegets matrix, det personligt ubevidste og det kollektive ubevidste. Hvordan det kan lade sig gøre at udskifte tankegangen bag, uden at forandre den oprindelige model, vil vi se senere.

I vores model ligger det nederste lag som jegets matrix (det lag i Træet, vi først støder på) med de områder vi anvender dagligt. Træet bør egentlig forstås oppefra og ned om vi sammenligner det direkte med hjernens funktioner. Al forståelse af omverden sker nemlig via vores selverkendelsesmekanismer placeret i midt- og forhjerne og ikke i baghovedet, som det nederst lag ville vise om vi lagde modellen hen over hjernens faktiske anatomi. Her lader vi dog opstillingen følge det oprindelige Træ.

Mennesket har, i de sidste mange århundreder, forsøgt via SB at klassificere energi, omgivelser og mønstre som noget objektivt, noget vi kunne bevise empirisk, men vi er endt i en subjektiv blindgyde. Vi ser stadig kun det vores hjerne har erkendt og integreret. Allerede Platon gjorde os opmærksom herpå i hans formulering af *Ideernes Plan* og hans hulelignelse. Lad os citere ophavsmanden i en oversat fremstilling fra Wikipedia:

Man må forestille sig en flok fanger, der har været lænket fast dybt inde i en hule siden deres barndom. Ikke kun deres lemmer, men også deres hoveder er fastholdt af lænkerne, så deres øjne er rettet fast mod bagvæggen. Bag fangerne er der et enormt bål. Mellem bålet og fangerne er der en hævet vej, og hen ad den bærer nogle mænd figurer af forskellige dyr, planter og andre ting. På bagvæggen danner figurerne skygger, som fangerne er intenst optaget af. Det er også sådan, at når én af figurbærerne taler, så får ekkoet fra bagvæggen fangerne til at tro, at ordene kommer fra skyggerne. Fangerne er optaget af noget, der kunne ligne en leg, set fra vores synspunkt, nemlig at give figurerne navne, efterhånden som de passerer. Det er imidlertid den eneste virkelighed, de kender, selv om de blot ser på skygger af billeder. Antag nu, at en af fangerne bliver frigivet og tvunget til at rejse sig og vende sig om. Deres øjne vil blive blændet af lyset fra bålet, og figurerne, der passerer forbi, vil se mindre virkelige ud end deres skygger på bagvæggen.

Det går på samme måde, hvis han bliver trukket ud af hulen og ud til sollyset, hvor hans øjne vil blive blændet i en grad, så han intet kan se. Først vil han blive i stand til at se de mørkeste former, som f.eks. skygger, og først derefter vil han kunne se lysere og klarere genstande. Det sidste, han vil kunne se, er solen, og han vil først med tiden forstå, at ...... dette er den, der skaber årstiderne og årets gang, som hersker over alle synlige ting, og som på en vis måde er årsagen til alle de ting, de har set. Den således oplyste, frigivne fange vil uden tvivl ønske at kunne vende tilbage til hulen for at befri sine medfanger. Problemet er dog, at de ikke har lyst til at blive befriet. Når han stiger ned i hulen igen, må hans øjne først tilpasse sig, og for en tid vil han være dårligere til den latterlige leg med at genkende formerne på bagvæggen. Dette vil gøre hans medfanger mordlystne overfor enhver, som ville forsøge at befri dem. (Staten, bog VII)

Findes der så reel objektivitet i vores erkendelser af omverdenen? Kan vi plædere sand objektivitet i noget som er bearbejdet og erkendt af hjernen? Vi må tilbage i tid for at finde svaret.

Middelalderens alkymister søgte gennem de kemiske processer og forståelsen af de tilhørende symboler, i form af planeter og *sigler*, at forstå Guds skaberværk, men det var ikke kun en erkendelsesproces eller et forsøg herpå. Deres arbejde udgjorde også et seriøst forsøg på at skabe videnskabelige fakta. Kabbalisten arbejder på lignende vis når han eller hun forsøger at finde mening, værdi og forståelse gennem sit arbejde med Træet. Han eller hun anvender metoder som kemi, metallurgi, fysik, medicin, astrologi, semiotik, mystik eller kunst til bearbejdelse af Træets indre erkendelser. Metoderne anvendes i en disciplineret søgen efter selvforståelse og menneskets placering i helheden. Hver tanke, metode og handling udgør meningsdannende rammer for selvforståelse og selverkendelse. Både den kabbalistiske og alkymiske model opfatter planeterne som symboler på forskellige kræfter.

Planeterne er arketyper i vores bevidsthedsmodel. De udspringer af det kollektive ubevidste, såvel som personligt bevidste og stammer fra den hellenistiske kulturarv. Planeterne er almengyldige arketyper og kan anvendes i mange forskellige sammenhænge.

Jorden symboliserer vores omverden og jegets opfattelse heraf. Månen symboliserer ubevidste lag i os selv og solen symboliserer ofte den oplyste bevidsthed.

Forståelsen af de *indre planeter*, dvs. Merkur, Venus, Mars, Månen og Jorden, i solsystemet og i modellen, reflekterer vores erkendte områder i hjernen.

De *ydre planeter* Saturn, Jupiter, Uranus, Neptun og lille udskældte Pluto samt de ukendte exoplaneter, repræsenterer lag af hjernen vi mangler at opdage, afdække og integrere. De gemmer på skjulte kvaliteter forankret i dybere lag af det kollektive bevidsthedsfelt. Vi går mere i dybden med arketypernes betydning i næste kapitel.

På de næste sider deles vores model op i tre overordnede sfærer og de forskellige planeter sættes ind. Det er ment som et forslag – ikke en faktuel sandhed. Læseren kan selv indføre sin forståelse af planeterne i de tomme skabeloner.

Den øverste sigel i Kundskabens Træ:

12 niveauer symboliseret gennem planeterne og solen

(11 mindre niveauer plus den fuldendte cirkel)

Jupiter
Uranus
Pluto
Merkur
Saturn
Neptun
Sol

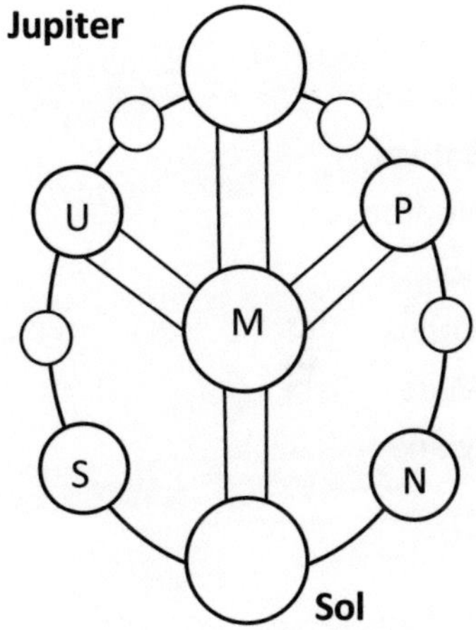

Den øverste sigel i Kundskabens Træ – læserens egen model:

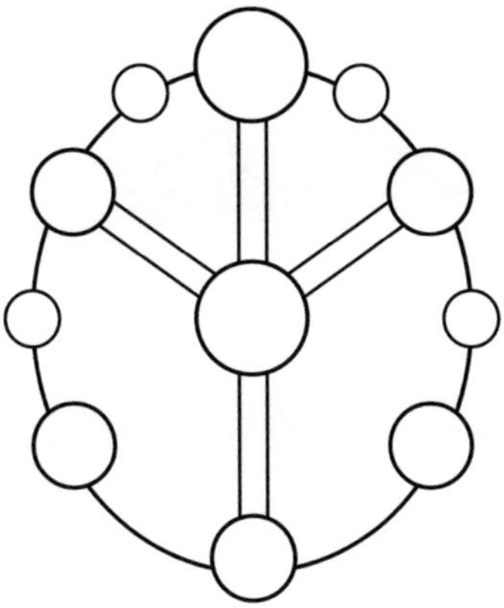

Rækkefølgen af planeterne er subjektiv. Ovenstående er blot et forslag. Prøv at indsætte de forskellige planeter, så de stemmer overens med dine oplevelser, f.eks. gennem meditation på planterne. Vær intuitiv, kreativ, opfindsom og følg din forståelse af planeterne og hvad de betydninger for dig. Modellerne kan anvendes til selvforståelse og afkodning af arketyperne, når du har læst næste kapitel.

Den midterste sigel i Kundskabens Træ:
7 niveauer plus den fuldendte cirkel

Merkur
Saturn
Neptun
Sol
Venus
Mars
Måne

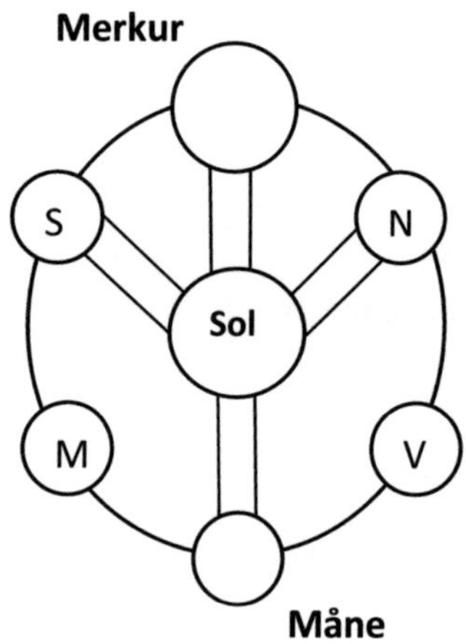

Den midterste sigel i Kundskabens Træ – læserens egen model:

Merkur
Saturn
Neptun
Sol
Venus
Mars
Måne

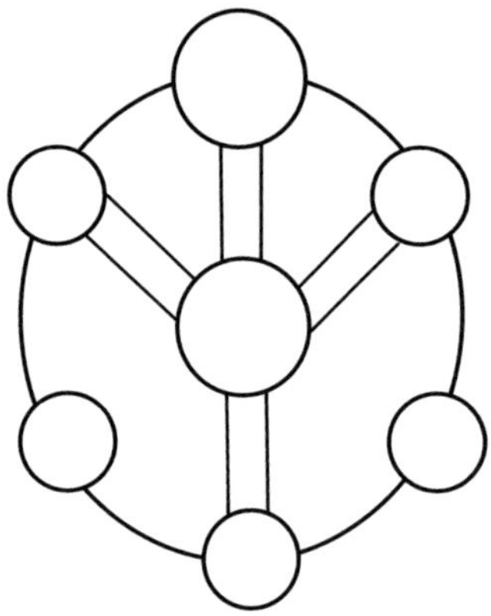

Den nederste sigel i Kundskabens Træ:

12 niveauer symboliseret gennem planeterne og solen

(11 mindre niveauer plus den fuldendte cirkel)

Sol
Mars
Venus
Måne
Jorden

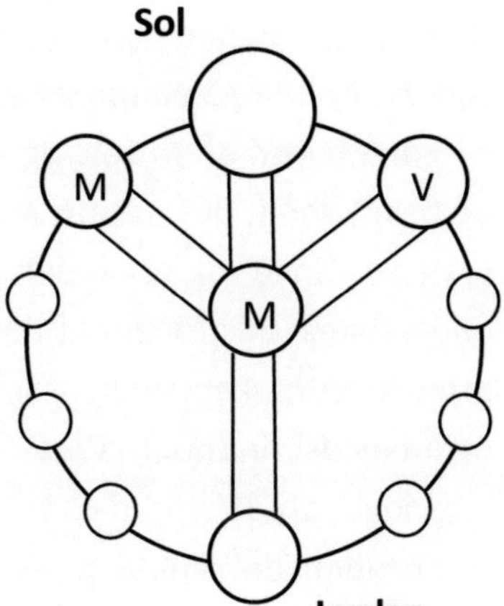

Den nederste sigel i Kundskabens Træ – læsernes egen model:

Sol
Mars
Venus
Måne
Jorden

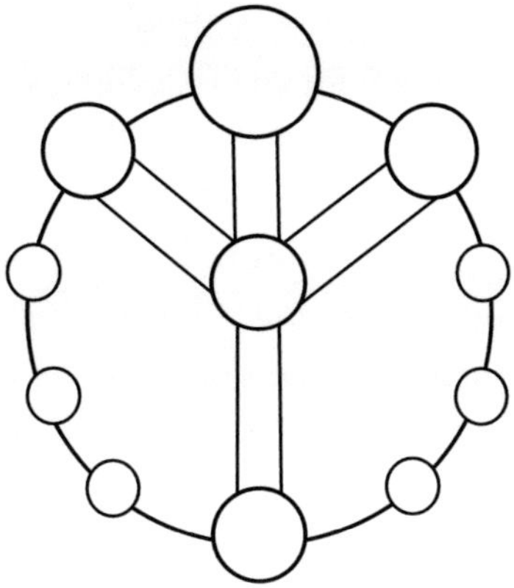

Som i enhver udtænkt, dynamisk og processuel bevidsthedsmodel, vil også det kabbalistiske træ vildlede betragteren om han eller hun ikke forstår de indbyggede mekanismer i tænkningens kunst, nemlig at fortolkningsmodeller og teorier er identiske med betragterens hjerne, dennes bevidsthed og intelligensniveau. Hvad menes der så hermed? Lad os gennemgå en tankerække for at nå til svaret.

Forståelsen af en selv og af universet udspringer af samme hjerne og bevidsthed, dvs. repræsenterer det samme mønstergenkendelsessystem. Tanke- og erkendelsesprocesserne, uanset hvilket objekt der undersøges, udspringer af de aktiverede dele af hjernen samt diverse projektionsmekanismer baseret på forudfattede antagelser, normer og ubevidst indhold. Vores opfattelse af universet afspejler vores ubevidste opfattelse af os selv.

Foruden de skjulte projektionsmekanismer i vores opfattelse og erkendelse af omgivelserne, finder vi via kvantemekanikkens idé den næste hemmelighed i menneskelig erkendelsesfundament.

Den beskuende eller observatøren interferer med den energi, han eller hun observerer, dvs. at beskueren påvirker det observeredes energi med øjets fokuserede energi. Store energigenstande flytter sig ikke meget når vi ser på dem, men det gør mikrolegemer på bølge- og kvanteniveau. Betragternes og eksperimentets energisystemer taler sammen og påvirker hinanden, hvorfor der reelt ikke findes et sandt empirisk eller objektivt beviseligt eksperiment på kvanteniveau. Kun gentagelsens kunst sikrer en vis sikkerhed i eksperimenternes udfald.

Øjets fokuserede energi defineres ud fra det niveau SB fungerer på og tankeformerne bag. Energien, i kvanteeksperimenterne, gør det vi forventer den skal gøre. Vil vi have bølger, danner den bølger. Ser vi energi som partikler, danner den partikler. Energien i eksperimentet føjer energien i vores bevidsthed og giver os virkelighedsopfattelser som matcher psykens og jegets struktur. Den strukturelle bevidsthed, og det mere eller mindre udviklede jeg, definerer vores virkelighed langt mere end vi tør erkende.

En højtudviklet teknisk videnskabelig hjerne kan afkode energi og omdanne den til fantastiske matematiske ligninger. Fra disse ligninger udledes alt om vores univers´ struktur, hvilket Isaac Newton, Albert Einstein, Max Born, Niels Bohr, Wolfgang Pauli, Max Planck og Paul Dirac gjorde for at nævne nogle få navne inden for klassisk fysisk, relativitetsteori og kvantefysik. De var nytænkende og opfindere af nye virkelighedsniveauer. Vi må heller ikke glemme Stephen Hawking og hans sorte huller samt opdagelser indenfor kvante og tyngdekraft.

Når det kollektive bevidsthedsfelt er parat til forandringer og nye paradigmer, dukker nytænkere op og viser os, hvor menneskeheden er i sin bevidsthedsudvikling og det samlede bevidsthedsniveau. Viser os hvilken retning, vores tankeformer fremover skal tage. Alle teorier reflekterer tænkeren og det niveau han eller hun har adgang til i menneskehedens kollektive felt af energi.

Selv drømme reflekterer tænkerens niveau og beredskab. Det ubevidste indhold viser sig i et billedsprog tænkeren forstår. Bogen *Pauli and Jung: The Meeting of Two Great Minds* af Ph.D. David Lindorff, Quest Books 2004 er absolut værd at læse. Den belyser en stor tænker, Wolfgang Pauli, og en anden stor tænker, C. G. Jung, og deres samtaler. Mange interessante emner berøres i deres fælles forsøg på at finde svar og bygge bro mellem fysikken og psykologiens verden.

Fysikeren drømmer om kræfter og energi, ligesom Newton og hans berømte drøm om æblet, hvoraf han udledte forståelsen af tyngdekraftens dynamik. Det ubevidste vokser i kompleksitet og indhold i takt med at den strukturelle bevidsthed udvikles i enten højre- eller venstrehjernehalvdelsretning. Med andre ord, jo mere kompleks SB bliver, desto mere omfattende bliver vores bevidste og ubevidste forståelse af universet, solsystemet og livets oprindelse. SB arbejder efter fraktallignende dynamikker, hvor hvert lag bliver lidt mere kompliceret og komprimeret end det forrige.

Teoridannelserne omkring virkelighedens natur flytter sig sammen med den bevægelse vores hjerne udfører. Den går fra idéer om de store himmellegemer, den klassiske mekanik, til forståelse af stoffets natur, elektromagnetisme, lysets kvanter, atomer samt elementarpartiklernes ikke-kommuterende opførsel. Hjernen udvikler først de store og derefter de mindre netværk, hvor energi specialiseres i detaljer og mindstedele indtil det opløses i sandsynligheder.

Vi må erkende at vores forsøg, på kun at ville forstå universet som noget ydre objektivt, leder os på vildveje. I stedet bør vi se indad og forstå os selv - gerne med udgangspunkt i de selvsamme teorier, vi ønsker at forstå universet med. Lave en dobbeltforståelse. Se det, vi opdager udenfor os selv, som det vi selv består af. Måske vi skulle forudsætte at enhver ydre erkendelse reflekterer en indre sandhed, som de gamle grækere forstod og godtgjorde i det delfiske *Kend dig selv.*

Således erkendt, behandler kabbalaens træ udviklingen af hjernen – ikke universet eller de mystiske planer kabbalisten tror, mennesket er omgivet af – hvorfor den gamle model sagtens kan udskiftes med den vi arbejder med uden en større ændring af tankeformen bag og betydningen af denne. MerkaBahen, fartøjet, er et symbol for sindet eller bevidstheden, fordi det er i sindet at mennesket rejser mellem de forskellige planer.

Som udgangspunkt må vi erkende at dimensionerne, vi tænker os omgivet af, ikke nødvendigvis er parallelle verdener, subtile energiniveauer med højere verdener og faktiske livsformer. Forståelsen af energi, både i videnskabelige og alternative kredse, reflekterer *ind til videre* bevidsthedslagene i os selv, vores hjerne og frekvenserne den arbejder på. Videnskabelige fortolkninger af kvanteteori, dimensioner og felter kan meget vel være tænkte og intuitive erkendelser af vores hjernes mange lag, dens baner og netværk, som projiceres over i en videnskabelig forståelsesramme af universets natur. På samme vis er esoterikernes kanaliserede tekster, beskeder fra fjerne dimensioner, besøg af exoplanetarisk liv samt oplevelser af andre verdener, *ind til videre,* indsigter og visioner hjernen selv skaber.

Selvom vi her postulerer at virkeligheden og vores omgivelser er et og samme som vores bevidsthed, eller i hvert fald vores forståelse af den, skal vi ikke ud i en filosofisk skelnen som *Rene Descartes* tænkte sig frem til. Om der findes en reel objektiv virkelighed eller om den er subjektiv og forsvinder, når vi ikke er opmærksomme på den, er ikke det der menes her. Universet forbliver som det altid har været. Det er kun vores bevidsthed og beredskab der forandrer sig indtil hjernens yderste begrebsgrænse eller udviklingspotentiale er manifesteret i os. Enten vertikalt eller horisontalt. Fænomenerne forbliver de samme, den fysiske verden ligner sig selv, og forandringens farve viser sig kun i vores teorier og paradigmer. I vores selverkendelse og opfattelse af virkeligheden. Nutidens menneskehed, trods sine videnskabelige og tekniske fremskridt, anvender samme bevidsthedstype som de tidlige filosoffer. *Vi er endnu ikke i stand til at forstå virkeligheden som den faktisk er, fordi alle hjernens processer stadig er subjektivt orienteret inden for det samme bevidsthedsparadigme.*

Det menneskelige DNA, andre arveanlæg og hjernens udformning føres videre fra generation til generation gennem vores kromosomer i æg og sædcelle, men hvordan bevidstheden og intelligens opstår ved vi endnu ikke fuldt ud. Får f.eks. intelligente forældre automatisk intelligente børn eller skyldes det en tidlig prægning i intellektuel retning? Vi finder højt intelligente børn blandt mindre intelligente forældre, så præmissen om miljø og arveanlæg alene holder ikke. Der må være andre faktorer på spil.

Kvantetankegangen trækker vores strukturelle bevidsthed ud af sine kasser. Atomet er ikke bare et minisolsystem, som den klassiske model antager, med et energifelt bestående af protoner og neutroner omgivet af elektronskyer der *sandsynligvis* viser sig for os, som vi forventer de skal. Atommodellen, børnene lærer om i skolen, er ikke en korrekt afbildning af energiernes opførsel, men en forenklet model af atomets struktur.

Følelsesmæssig modstand lurer bag undervisning i kvantefysikken. Frygten for ikke at kunne forstå og videreformidle dens komplekse univers og frygten for at virkeligheden ikke er, som vi antager den skal være, for hvordan skal børnene håndtere en virkelighed baseret på sandsynligheder? Begge vinkler kræver nytænkning og forandring i både selv- og virkelighedsopfattelser samt træning af hjernen. Det kræver en bevidst indsats at videreformidle komplekse teorier. De forenklede modeller rammer bredest og er lettere at formidle. Det mangelfulde fundament anlægges hos alle. Prisen er kassetænkning og standardbevidstheder frem for unikke og selvstændigt tænkende mennesker.

Virkeligheden er, først og fremmest, underlagt Einsteins almene relativitetsteori. Teorien fortæller os at masse er lig med energi, som er begrænset af dets hastighed og vægt i et krumt rum, hvor intet overstiger lysets hastighed. Det elektromagnetiske hav består af både bølger og partikler, vi kan registrere i en eller anden form, men på kvanteniveau træder andre lovmæssigheder i kraft. Sandsynligheden for at det ene eller det andet viser sig i vores udsnit af virkeligheden bestemmes af kvantelove, vi endnu ikke kender til fulde. Heldigvis for os er *ubestemthedsrelationen,* der styrer energi på kvanteniveau, kun gældende for størrelsesforhold under det niveau man kalder *Plancks konstant*. Rummets store legemer følger bevægelser og processer, som det er godtgjort i den klassiske fysiks love og regler, på trods af at virkelighedens natur er baseret på sandsynligheder. *Vi har opdaget at virkeligheden fungerer efter forskellige lovmæssigheder, alt afhængigt af frekvensniveau*.

Mennesket er grundlæggende set masse og energi der fungerer, til dels, gennem de samme principper som de store himmellegemer. Forskellen mellem mennesket og andre livsformer ligger i troen på at vi er det eneste væsen der besidder bevidsthed. *Så hvorfor ikke bare erkende at alle energetiske systemer besidder bevidsthed på et eller andet niveau? Og forske efter den præmis? Derved er vi ude over mysteriet om hvorfor mennesket, som den eneste livsform i hele universet, har bevidsthed.* Når tingene bliver stillet op på den måde, må man erkende at mennesket umuligt kan have den position alene. Troen på menneskets suverænitet må være et levn fra en forældet tankeform, sandsynligvis genereret gennem det gamle testamentes forældede menneskesyn.

Ethvert energisystem fra fermioner, leptoner til bosoner, kvarker, atomer, mineraler, planter, dyr, mennesker samt planeter, galakser, og solsystemer har en eller anden form for energetisk intelligens eller bevidsthed. Bare fordi vi ikke kan måle bevidst aktivitet, i vores forståelse af det, kan det sagtens eksistere. Alt i universet består af intelligent energi. Det er mennesket der er bagefter i sit talent til aktiv kommunikation med energi – ikke omvendt. Vi består af atomer, der samler sig til grundstoffer, som samler sig i molekyler. Vi er kemi og energi uagtet at vores forståelse af mennesket stadig befinder sig i forældede teorirammer hos de fleste. Grundstofferne findes i alle energisystemer i ioniserede, radioaktive og almindelige udgaver. De styrer livsformerne på Jorden, inklusiv mennesket. Elektromagnetiske felter hører derfor til i vores organisme samt i alle andre livsformer.

Både som målelige og subtile energistrukturer. Organismens energisystemer er styret af elektromagnetismens lovmæssigheder og alle elektriske systemer har et omgivende magnetfelt, hvilket også gælder for vores organisme. Menneskets organisme er en kompleks atomar struktur. Den består af millioner af dipolære elektromagnetiske felter, i vekselvirkning med et komplekst elektromagnetisk baggrundstæppe bestående af masseløse pakker af lys og massefyldte partikler, med tendens til at samle sig i felter og mønstre.

Teorien om Big Bang reflekterer hjernens forståelse af sin egen begyndelse, som alle skabelsesmyter gør det. Et kort møde mellem æg og sædcelle og et splitsekund efter - hvem tæller i livmoderen – det korte øjeblik efter mødet mellem to gigantiske kræfter, deler zygoten sig i en gigantisk eksplosion. Rummet skabes, det bevidste liv pulserer i mørket omgivet af kraft, stilhed og intethed. Videnskabens udredning omkring tidsrummet fra Big Bang til universets skabelse ligger i hjernens fortolkningsapparat. Vi kan måle på den elektromagnetiske baggrundsstøj, i universet, at der er et hul, et ophold, et tomrum, men det er stadig vores fortolkning af materialet som skaber mening for os. Det, vores hjerne kan udlede af de objektive målinger. Universet består mestendels af stof vi ikke kan definere endnu. Med andre ord, vores hjerne kan ikke forstå det endnu.

Måske det vil være mere konstruktivt bevidst at udvikle vores hjerne og jeget, så vi kan danne korrekte forklaringer, frem for alene at fokusere på at definere ydre fænomener?

Forklaringerne vil forandre sig i takt med at vores hjerner udvikler sig. Det bærer historien tydeligt bevis på. Kan vi på nogen måde postulere at noget er *sandt eller alment*, når alt kommer til alt?

Måske vi først kan sige noget fornuftigt om universet, sandheden, livet og alt det der, den dag hjernen er fuldt udviklet?

De alternative tænkere og videnskabens lærde arbejder på samme sti. De arbejder med samme type bevidsthed, selvom de når frem til forskellige forklaringsmodeller. Den venstre hjernehalvdel anvender teknik og matematik. Den højre finder sine metoder gennem visioner og arketyper. Kunne vi kombinere de to halvdele, få vores hjerne til at arbejde synkront og på tværs af hjernestammen, ville vi virkelig skabe nytænkning. Først da kan vi sige at den strukturelle bevidsthed og dens tænkning er kommet i hus, nået målet, ramt overliggeren.

Når vi taler bevidsthed og opfattelse af virkeligheden rammer vi en mur. Bevidsthed kan ikke måles og vejes. Den er udefinerbar og kan ikke fanges ind i de klassiske modeller af mennesket og virkeligheden.

I vores videre forståelse af bevidsthed, bliver vi derfor nødt til først og fremmest at isolere hjernen og dens magnetfelt. Via hjernens magnetfelt og kontakten til det omgivende energihav dannes den strukturelle bevidsthed.

SB udfolder sig eller dannes via hjernemassen, dens ventrikler og undersystemer samt den forlængede rygmarv, samlet set central-nervesystemet, CNS. Energier styret i skøn harmoni af synkroniseret elektrokemisk stimulation og fyring gennem bundter af specialiserede neuroner, danner basis for vores første bevidsthedstype.

Udvikling i menneskets erkendelsesredskab handler om de baner energierne placeres i og hvordan hjernen anvender sine mange lag til bevidst bearbejdning af energetiske påvirkninger. Som organ udvikler hjernen sig gennem elektrisk aktivitet, gennem tænkning og gennem selverkendelse. I denne optik er hjernen det store væsen der søger at forstå sig selv i forhold til noget udenfor sig selv. Magnetfeltet omkring hjernen interagerer med omgivelsernes energier. Erkendelse og genkendelse i hjernen registrerer energiernes informationer via mønstergenkendelse af lys, lyd, billeder, information, sansninger og elektrokemiske komponenter i samspil med kroppens energisystem.

Vi kunne ligne hjernens elektriske system med et vektorfelt, hvor magnetisk påvirkning får dipolmomenterne i atomerne til at vende den ene eller anden vej. Når vi taler om udvikling af hjernen, set i lyset af et vektorfelt, bliver målet at få neuronerne i netværket til at fyre synkront i de baner, vi ønsker at anvende til bevidst bearbejdelse af energi. Kun på den måde kan vi løfte hjernens bølgelængder til højere frekvenser.

En simpel hjernestruktur, hvor kun få neurale baner er udviklet, fyrer færre Hz af end en udviklet strukturel bevidsthed. En kompleks hjerne med et neuralt netværk bestående af specialiserede celler genereret gennem fysisk aktivitet, litterær udfoldelse, opøvelse af musiske og kreative udtryksformer vil, alt andet lige, opnå et større elektrokemisk impulsmoment i de aktive neurale baner. En sådan hjerne vil have et finere og højerevibrerende magnetfelt tilknyttet end den simple hjernestruktur, hvor de lavere frekvenser får lov til at herske. Desuden har den simple struktur færre operative baner i sit netværk. Dermed mindskes magnetfeltets omkreds og kun en brøkdel af det omgivende energihav, han eller hun er en del af, opfanges og registreres.

Højtudviklet strukturel bevidsthed, det komprimerede netværk og omfangsrige magnetfelt, interagerer langt mere bredspektret med det elektromagnetiske baggrundstæppe omkring Jorden. Han eller hun udviser en langt mere nuanceret opfattelse af virkeligheden.

Bevidst evolution tager udgangspunkt i at Jordens energisystem og menneskehjernens frekvensområder interfererer indenfor Schumann resonansens frekvensområder (SR). SR er derfor mediet, hvor interaktionen mellem menneske og Jord udfolder sig. Det kan senere vise sig at mediet er et andet, men for nu placerer vi det her.

Schumann resonansen er et elektromagnetisk felt og udgøres af ekstremt lavfrekvente bølgelængder (ELF). Det passer til vort formål da hjernebølgerne udgøres af samme frekvensbånd. SR er med til at definere frekvensspektret i mennesket og i enhver bevidst aktivitet på Jorden.

Det kollektive bredbånd, indenfor SR's frekvensspektrum, fører energimønstrene fra Jordens magnetfelt til hjernens magnetfelt og aktiverer dens frekvensområder. Det vibrerende magnetfelt omkring hovedet aktiverer hjernemassens atomare strukturer og inspirerer til forståelse af emner, i art og niveau, der matcher den strukturelle bevidsthed hos modtageren. Menneskelig energi søger lignende eller polær modsætning på samme vis som elektroner søger hinanden og indgår bindinger for at danne nye grundstoffer. Hjernens magnetfelt går i forbindelse med energierne fra det store energifelt og om det er muligt at omsætte energien til information, vi forstår, kan vi integrere den.

Summen af alle livsformer og deres magnetfelter danner et kollektivt magnetfelt. Det kollektive felt har Schumann resonansen som basis. Magnetfelterne fra alle livsformer arbejder på tværs af tid og rum og væver sig ind i Jordens energisystemer, hvor de danner et felt bestående af de smukkeste mønstre. Det samlede jordiske og menneskelige energifelt udgør dermed det kollektive bevidsthedsfelt.

Gennem mønstrenes kontakt med hjernens magnetfelt opstår der tankeformer og andre forståelsesrammer. Mønstrene og energierne i det kollektive bevidsthedsfelt er det samme som arketyper og tankeformer såsom myter, eventyr og andre fællesmenneskelige narrative udtryk. Mønstrene udgør vores kulturarv, vores tankegods og kunne være en af drivkræfterne i den menneskelige evolution. Magnetfelterne fra forskelligt udviklede bevidsthedsstrukturer væver sig ud og ind i Jordens magnetfelt og interferer med hinanden i konstruktiv eller destruktiv interferens.

Stærke menneskelige magnetfelter påvirker de kollektive magnetfelter og udsender tankeformer, andre mennesker kan opfange og hente ned fra det kollektive bevidsthedsfelt. Således deler vi tankeformer gennem et felt af menneskelig og jordisk energi. Bevidst eller ubevidst. Derfor kan flere tænke de samme tanker på samme tid. Der vil altid være elektrokemiske magnetfelter som ikke rammes af de kollektive strømninger, fordi SB i disse hjerner ikke har udformet passende neurale netværk med frekvenser høje nok til at opfange impulserne.

En højtudviklet hjernes magnetfelt udsender impulser der påvirker resten af feltet, i det mindste inden for dets eget frekvensområde. På samme vis vil denne type hjerne modtage mere energi og information fra det kollektive bevidsthedsfelt. Vi ser på forskellen mellem det kollektive felt, det kollektive ubevidste og det kollektive bevidsthedsfelt senere i bogen.

Vi kan herefter diskutere, hvor meget en nytænker reelt er en nytænker eller om hun blot gentager det, menneskeheden har lagret i det kollektive bevidsthedsfelt.

Om hun henter det tænkte ind i sin bevidsthed og sætter det i nye former tilpasset den tid, hvor hun erkender tankeformen i. Er det sagens kerne vil nytænkning, indenfor samme bevidstheds- og tankeform, blot bidrage til illusionen om bevidsthedsmæssige fremskridt, hvor alt hvad vi gør, er at bygge endnu en gren på den fraktal evolutionen anlagde, i hjernen, i fordums tider.

Menneskeheden udvikler sig ikke, men uddyber det eksisterende bevidsthedsniveau. Om Einstein kiggede til Pythagoras ligning, da han skulle udtænke sin berømte $E=mc^2$, ja så kunne det se ud som om at kvantefysikken har været med på et kig i hinduernes og Descartes begrebsunivers.

Impulserne fra mennesket og det kollektive bevidsthedsfelt er usete, uerkendte og umålte. De overføres via interferens eller andre former for energetisk kommunikation.

Alt i universet hænger sammen i et gigantisk energetisk netværk af liv bestående af masse samt kvantefelter, hvor vi i sidste ende erkender at disse betegnelser er et og samme. Det er blot hjernens strukturelle bevidsthed der narrer os til at forstå det som noget forskelligt.

Mere om hjernen

Kundskabens Træ tjener vort formål som model over den strukturelle bevidsthed og dens mange lag i hjernen. Som vi var inde på i sidste kapitel, finder vi Træet gengivet i relieffer bl.a. i Sumer i Nærorienten. Selv ægypterne havde Træet med i deres tegninger.

Træet blev ofte afbilledet sammen med forskellige gudinder, f.eks. Ashera, Innanna, Astar, Hewa og Hathor for at nævne et par stykker fra Nærorienten og Ægypten. Visdommen blev dengang betragtet som en guddommelig feminin egenskab. Visdommens gudinder viste mennesket broen mellem himmel og jord, symboliseret ved et træ. I ældre filosofisk terminologi kaldtes sjælen for *anima*, hvilket er et hunkønsord. Sjælen blev betragtet som feminin og måske tilhørte den visdomsgudinderne. Den viste det enkelte menneske vejen til himlen gennem opvækkelse af den, i mennesket, iboende visdom. Idéen om et verdenstræ, en bro mellem guderne m/k og menneskenes sfærer, finder vi i mange kulturer. I nordisk mytologi kaldtes verdenstræet for Yggdrasil.

Fortidsmennesket forsøgte at give tænkningen og visdommen en årsag. Alt hvad mennesket var skyldtes gudernes velvilje og de gaver, de havde givet menneskene i form af viden. Skabelsen af menneskets forstand blev placeret hos dem. *Men måske var guderne og deres attributter et levn fra en fortidig højtudviklet menneskelig race og mindre udviklede racer opfattede senere, måske tusinder af år senere, racerne som værende guder og gudinder?* Konger og dronninger, i oldtiden, blev ofte dyrket på lige fod med guderne m/k, fordi de repræsenterede det guddommelige på Jorden, så hvorfor ikke højere udviklede racer? Reminiscenser af denne idé, at det guddommelige kan tage bolig i mennesket og at der findes højtudviklede livsformer, finder vi i både religion og videnskab.

Den hebraiske Torah er et andet eksempel på historier, myter og allegoriske fortællinger den strukturelle bevidsthed kan fostre. Alle kulturer har deres egne myter og fortællinger om Jordens begyndelse, menneskets oprindelse og dets plads i verdenen. Hjernen, med dens strukturelle bevidsthed, søger forklaringer på hvad, hvordan og hvorfor. Alt skal defineres og forklares. Der skal findes en mening, *en første årsag*, til alt hvad vi ser omkring os. Strukturel bevidsthed er lineær tænkning, tidslinjer, evolution, begyndelser og slutninger, fordi den afspejler hjernens fremadskridende udviklingsmønster.

Kundskaben om godt og ondt (Genesis) er en fortidig beretning om hjernen. Det er forståelsen af hjernens virkemåder, når det drejer sig om jegets samspil med basale behov, tanker og følelser og hvordan mennesket bør forholde sig til sin omverden.

I buddhismen finder vi også et visdommens træ: *Bodhitræet*. Siddhattha Gotama sad under Bodhitræet, da han opnåede den sidste oplysning og hans endelige frigørelse fra *maya* eller illusion. Hvad han præcis forstod, har fortabt sig i eftertidens bearbejdede fortællinger.

Vi finder grundlaget, i hans lære, i de *fire hellige sandheder* samt *den noble otteledede vej* med ord som korrekt tale, korrekt handling, korrekt ernæringsvej eller levevis (*de etiske discipliner*) samt korrekt bestræbelse, korrekt *mindfulness*, korrekt koncentration (*de mentale discipliner*). Til slut i den noble otteledede vej lærer vi om korrekt tanke og korrekt erkendelse, hvilket leder os mod visdommens sande natur. For virkelig at forstå Siddhattha Gotama, kaldet Buddhaen, og hans lære er vi nødt til at få hjernens svingninger op på det niveau, han forstod virkeligheden ud fra. Buddhaens originale tankeform eller lære kan gendannes i sin helhed, i vores hjerne, fordi den stadig er aktiv i det kollektive bevidsthedsfelt.

Den kan, til enhver tid, kontaktes af bevidstheder med samme aktive frekvensområde. Først her giver de tidligt nedskrevne tekster mening (*Theravāda* samt diverse kanoniske tekster skrevet på *pali). What the Buddha Taught* af Walpola Rahula, Oneworld Publications 1997, giver en kort og præcis beskrivelse af Buddhaens lære.

Hvorfor Gotama fik titlen Buddhaen er enkel. Han var ikke en gud inkarneret i mennesket. Nej, Siddhattha Gotama var et menneske og han opnåede, gennem mange års anstrengelser, den oplyste tilstand alle har mulighed for at opnå. Buddhatilstandens fred, oplysthed og klarhed er tilgængelig for de der søger den. Visdommens frø findes i alle. Nærer vi frøet, får det at gro, vil det med tiden udvikle sig og blive til et visdommens træ.

En højtudviklet bevidsthed skaber nye tankesæt, nye idéer og nye tankeformer som lagres i det kollektive bevidsthedsfelt. De bliver dermed tilgængelige for eftertidens søgende. Vel at bemærke om de kan opnå frekvensspektret den oprindelige tænker havde. Mønstret ligger der, smukt og uberørt, lige til at integrere og udvikle hjernens neuroner igennem. Selvfølgelig er de mindre smukke mønstre også tilgængelige. Alle tankeformer og idéer mennesker har udtænkt, følt og handlet efter, fine som ufine, lagres i det kollektive bevidsthedsfelt på forskellige frekvensspektre.

Det kollektive bevidsthedsfelt, menneskehedens samlede magnetfelt i Jordens energisystem, trækkes dermed op eller ned i frekvens, da feltet fungerer via en gennemsnitlig *totalfrekvens*. Totalfrekvensen påvirker ikke bare det individuelle menneskes standardfelt, men også Jordens magnetfelt og dermed evolutionen. *Det er derfor vi sætter fokus på arbejdet med kroppens og hjernens magnetfelter samt et samarbejde med de energisystemer, vi er en del af.* Vi skal søge at forstå hvad, hvordan og hvorfor. Vi skal finde metoder til at optimere vores energisystemer i samspil med Jorden og andre systemer. Det er ikke bare omverdenen vi skal forstå og håndtere i vores søgen efter svar. Svarene findes i en fuld forståelse af organismens energisystem. Forståelsen af, at vi er en elektromagnetisk organisme med hjernebølger inden for de ekstremt lave frekvensområder, gør os til en medspiller i Jordens energisystem, der ligeledes fungerer indenfor samme frekvensområde. F.eks. har frekvensen 30 Hz en bølgelængde på 10 Mm (megameter, dvs. 10 x 1000 km) og 3 Hz har en bølgelængde på 100 Mm, og sætter vi os for at optimere hjernen, kan vi anvende denne viden til mange ting. Hjernen er første nøgle til al videre evolution hos mennesket. Indre beskuen er et kig ind i hjernens strukturer og en forståelse af at organismens energetiske niveau og bevidsthed hænger sammen med hjernens udviklingsniveau.

Visdommens træ eller
i mere moderne sprogbrug,
et neuron:

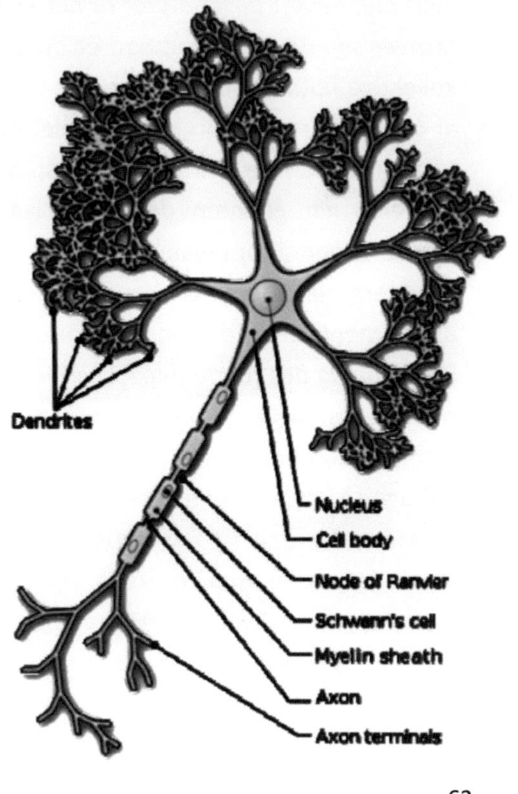

Wikipedia

"Du kan kende træet på dets frugter", som det så fint står i Matthæus evangeliet (kapitel 17, vers 15) omend betydningen i den originale sammenhæng nok er en lidt anden. Interessant er det dog, at der taltes om et træ. Mon det var Kundskabens Træ, visdommens træ, et almindeligt træ eller det kabbalistiske træ der symbolsk blev refereret til? *Truismen* bærer energi nok i sig selv uanset hvilket træ der blev talt om.

Det er dog muligt at finde den oprindelige betydning. Buddhaens tankeformer findes i det kollektive bevidsthedsfelt, på samme vis som den tidlige kristendoms originale tankeformer findes *derude*, om blot den rette frekvens kan oparbejdes.

Bevidst evolution arbejder med to niveauer i mennesket. Et niveau, hvor mennesket bliver styret af det kollektive totalfelt og et, hvor det løsriver sig. Bevidst evolution er begyndelsen til en løsrivelse fra det kollektive felts standardfrekvenser over mod en målrettet integration af omgivelsernes energier. Formålet er at blive et bevidst energetisk system i de højere områder af ELF spektret.

Vejen går gennem de næste lag i hjernens evolution, nemlig frontallappen. Frontallappen aktiverer intuition, empati og forståelse for energisystemerne omkring os. Her ønsker vi naturligt at behandle andre mennesker, dyr og Jord som vi selv ønsker at blive behandlet. *Det gode og det sande* (filosofisk ideal) udfolder sig i frontallappen og muligheden ligger åben for alle. Personligheden eller jeget, som forbliver erkendende gennem hjernens ældre dele, hæmmer sin egen deltagelse i den kollektive bevidsthedsudvikling.

Målet for bevidst evolution er, gennem frivillig indsats, at flytte jegets fokus hen mod en aktivering af frontallappens bevidsthed i alle mennesker, individuelt såvel som kollektivt.

Således vil menneskehedens primitive adfærdsmønstre, forankret i hjernens ældre dele, forsvinde. Adfærdsmønstre som dagligt udleves i blandt mennesker gennem overgreb og misbrug, verbalt og psykisk såvel som fysisk. Frygt, terror, magt og alverdens undertrykkelsesmetoder er resultater af uvidenhed og dårligt fungerende hjerner.

Bevidst evolution er et valg og udføres af den enkelte, af egen fri vilje, gennem en daglig indsats. Om vi vil have kroppen i bedre form, må vi træne den. De samme betingelser gælder for udviklingen af jeget, hjernen og dens systemer. Træningen af hjernens forskellige områder sker gennem egen indsats og metoderne vi skal anvende er dem som fungerer bedst for os.

Bevidst evolution opfordrer ikke til nye trosretninger, nye ledere, politikker eller ensrettede ideologier, men til en bevidst individuel og frivillig indsats udført på den måde, den enkelte finder bedst i forhold til hans eller hendes energisystem. Kun individet, om viljen sættes ind herpå, kan lære sin hjerne, sin krop og sit energisystem at kende. Få det til at gro. Interaktionen med de omgivende energier, kontakten til de rette tankeformer og vores individuelle energimønstre bestemmer vejen, vi skal følge for at nå frem til frontallappens bevidsthed.

Lad os nu studere *hjernens opbygning*. Vi arbejder med en forenklet teoretisk udgave, hvilket er passende til vores brug.

Hjernen er en kompleks samling af højt specialiserede *gliaceller* der støtter op om neuronernes arbejde. Hjernens gliaceller og neuroner reagerer på stimuli fra centralnervesystemet, men også fra forskellige berøringsreceptorer som hudens sanseceller, øjets receptorer samt mange andre elektrokemiske receptorer i kroppen.

Hjernen er kroppens styrecentral og udsender samt omsætter impulser til reaktioner i den organisation af atomer, molekyler og celler, vi samlet set kalder *et menneske*.

Billedet på næste side er fra *Gray's Anatomi* udgivet i 1918 og viser hjernen i snit.

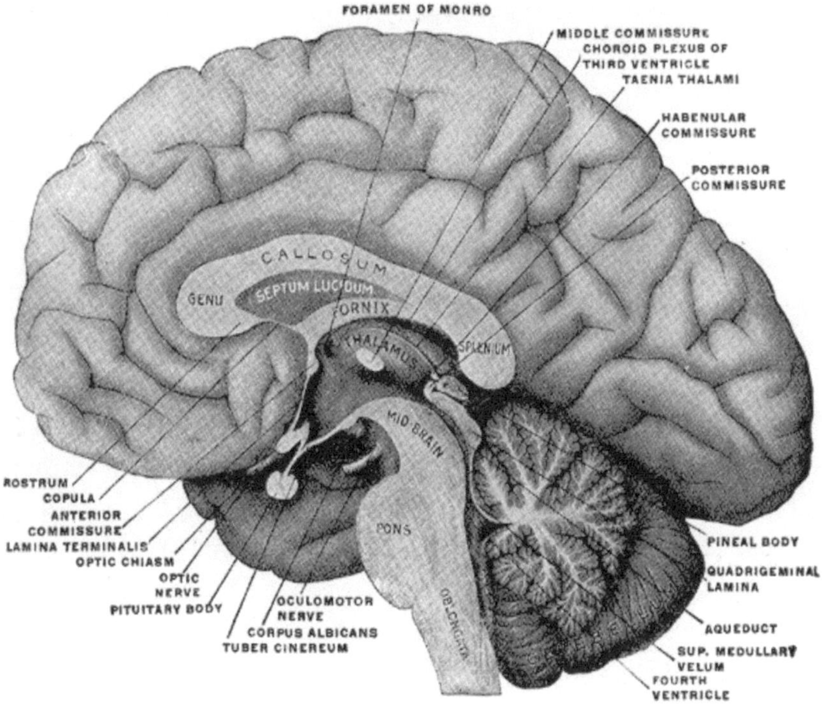

Wikipedia

Hjernen opdeles traditionelt på følgende vis:

Cerebrum eller storhjernen opdeles i en højre og en venstre hjernehalvdel der forbindes ved hjælp af hjernestammen. De yderste tre millimeter af storhjernen kaldes for hjernebarken. Hovedparten af neuronernes cellelegemer findes i hjernebarken, hvorfra deres lange axoner udgår til resten af nervesystemet. Hjernebarken indeholder de overordnede nervecentre og er sæde for tænkningen, bevidstheds- og sansefunktioner. Storhjernen underopdeles derefter typisk i fire store lapper eller områder:

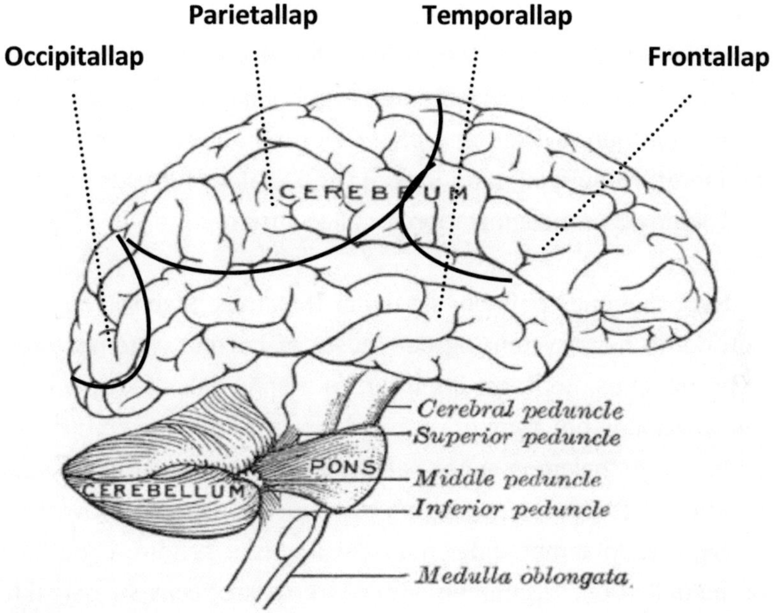

Wikipedia

Frontallappen eller pandelappen styrer funktioner som empati, indsigt, bevidst tænkning, helhedstænkning, bevægelsesfærdighed, impulskontrol, en væsentlig del af hukommelsen, taledannelse samt vores personlighed.

Temporallappen eller tindingelappen behandler høre-, tale- og skrivecentre. Denne lap har også betydning for dele af hukommelsen samt gudsoplevelsen.

Parietallappen eller isselappen er ansvarlig for behandlingen og fortolkning af føle- og bevæge funktionen, rumopfattelse, sanser som berøring, temperatur, tryk og smerte fortolkes i dette område.

Occipitallappen eller nakkelappen er ansvarlig for behandlingen af synssansen, dvs. bearbejdning af synsindtryk.

Resten af hjernen består af følgende dele:

Det limbiske system eller følelseshjernen styrer forplantning samt menneskets ubevidste, instinktive adfærd som minder om dyrenes overlevelsesreaktioner. Systemet ligger i det område vi kalder for mellemhjernen, hvilket også styrer blodtryk, hjerterytme, hypofysen, temperaturregulering samt mave-tarm-kanalens funktion.

Thalamus er mellemstation for alle sanseimpulser, undtaget lugte-impulser.

Hypothalamus befinder sig under thalamus. Stabiliseringen af det autonome nervesystem og det meste af hormonsystemet sker her. Hypothalamus modtager impulser fra mange dele af kroppen, såsom informationer om temperaturreguleringen, sult og tørst, og meget andet. Hypothalamus styrer sammen med amygdala alle instinktive reaktioner, når der er noget som truer vores oplevelse af overlevelse.

Hypofysen samarbejder med det limbiske system, hypothalamus og pinealkirtlen. Tilsammen administreres kroppens stressreaktioner og hormonprocesser.

Hormoner er transmittere, der via blodets cirkulation i kroppen, aktiverer de forskellige celler, væv, kirtler og andre funktioner. Bl.a. vores seksualitet hænger sammen med hypofysens aktivitet.

Hjernestammen er drivkraften bag søvnen, musklernes spænding, rygmarvsreflekserne, positioner, vejrtrækning og hjerterytme.

Cerebellum eller lillehjernen dirigerer samarbejdet mellem de forskellige muskelgrupper og indeholder centre for ligevægtssansen. Desuden har den en vigtig rolle med at få bevægelserne bløde og præcise samt kontrollere balance og kropsstilling.

Pinealkirtlen, som er lysfølsom, er en naturlig forlængelse af både lillehjerne og hjernestamme. Den er mindre end hypofysen og har en koglelignende facon, deraf navnet. Pinealkirtlen har en hel del nerve-forbindelser til øjets nethinde. Dens cellulære funktion vedrører både nerveceller og celler som dækker både indre og ydre kropsoverflader. I barndommen er den en del af vækstprocesserne og til en vis grad i seksualitetens processer. I voksenalderen skrumper pinealkirtlen ind til en tredjedel af dens oprindelige størrelse og styrer derfra primært vores produktion af hormonet melatonin.

Pons eller hjernebroen styrer fortil finmotorikken i kroppen, via pyramidebanerne. Pons har desuden forbindelse til lillehjernen og midthjernen. Nedad fortsætter pons over i den forlængede marv og til slut over i selve rygmarven.

Hjernebølger opdeles på følgende måde:

- *Delta* 0,5-4 Hz. Måles hos spædbørn og sovende voksne.
- *Theta* 4-8 Hz. Måles hos mindre børn og sovende voksne.
- *Alpha* 8-13 Hz. Afslappet tilstand. Måles i *occipitallap* området.
- *Beta1* 13-33 Hz. Aktiv og opmærksom tilstand. Måles primært i *parietal* og *frontallap* området.
- *Gamma/beta2* 33-69 Hz. Såkaldt højere bevidsthed.

Schumann resonansen topper, bliver synlig, på følgende frekvenser: ca. 3, 8, 14, 20, 26, 33, 39, 45 og 69 Hz. Vi talte tidligere om bølgelængden eller rækkevidden for ELF. Selvom de rækker langt skal ELF, for at kunne interagere med et andet energisystem, fungere på samme eller lignende frekvens.

Om vi får koblet os bevidst på Jordens magnetfelt via SR, vil vi få det medie som kan føre ELF impulserne fra vores hjerne ud et i større felt. Jordens magnetfelt kommer til at fungere som en antenne for vores tanker og følelser. Derfor er det heldigt at få mennesker er bevidste om denne egenskab, men også at det kræver mange års træning at koble sig på *megaantennen*.

Om myter og visioner

Om et menneske eksperimentelt påvirkes af magnetiske impulser i temporallappen tænker det automatisk på Gud. Eksperimentet kan bevises empirisk. I sin bog *Neuropsychological bases of God beliefs*, Praeger, New York 1987 godtgør Michael A. Persinger for hvordan ydre elektromagnetisk påvirkning af temporallappen medfører tanker og oplevelser af Gud. Om man er forsigtig i analysen af resultaterne, kan man heraf udlede at temporallappen gør mennesket i stand til at registrere Gud, men at Gud som sådan stadig eksisterer.

Bevidst evolution går videre end det. Her vil vi ikke være forsigtige, men arbejde på at lære os selv at kende og nedbryde vores illusioner. Vi stiller derfor følgende spørgsmål:

Kan vi med rette sige at Gud eksisterer, når vi blot mekanisk skal aktivere bestemte dele af hjernen og dermed fremkalder tanker om Gud? I kapitlet om SB diskuterede vi virkelighedens natur eller mangel på samme. Bare fordi vi kan tænke det, behøver det ikke at være objektivt sandt eller have eksistens. Hjernen skaber sit eget materiale med det formål at udvikle sig.

Hvor mange af vores reaktioner stammer fra os selv, dvs. opstår i os selv? Er de fleste af vores tanker og følelser reaktioner på ydre eller indre energetiske påvirkninger? Hvor selvbevidst og selvstyrende er mennesket i bund og grund? Om vores dyrebareste tankeformer kan skabes gennem mekanisk påvirkning, må vi revidere vores opfattelse af os selv som et lukket kredsløb. Vi er, som alt andet på Jorden, en del af energiernes kræfter og lovmæssigheder. Mennesket er først og fremmest et åbent energetisk system. Når vi har erkendt dette, kan vi gå videre i vores selverkendelsesproces, for naturligvis interfererer vi med systemerne omkring os, på et eller andet niveau, som al anden energi gør det.

Hypotesen, i vores sammenhæng, er derfor at hjernen generelt er under energetisk påvirkning fra omgivelserne og at dette påvirker den menneskelige hjerne. Hjernens magnetfelt interfererer med subtile energiniveauer (dvs. frekvenser videnskaben endnu ikke kan måle eller som de tænker ikke har forbindelse til mennesket) fra naturen, mennesker og Jordens magnetfelt. Vi taler om en slags induktion magnetfelterne i mellem. Herfra føres energierne ind i hjernen, hvor eksisterende energimønstre i de forskellige underområder omsætter impulserne til passende materiale såsom tanker, følelser, billeder og impulser.

Vi har været inde på at storhjernens højre hjernehalvdel primært genererer billedmateriale, drømme og arketyper, når den påvirkes energetisk, hvor venstre halvdel omsætter det til analytisk erkendelse og systematisk bearbejdning.

Det næste vi skal forstå er at storhjernens underområder har sine egne energimønstre og at de danner bestemte former for tænkning. Vi så, på lignende vis, at energetisk påvirkning fik energimønstrene i temporallappen til at danne forestillinger om Gud.

En af hjernens ældre udtryksformer er f.eks. myten.

Myten danner rammerne om materialet der genereres i de ældste dele af hjernen i den menneskelige bevidsthedsevolution. De ældste dele spænder fra lillehjernen til det limbiske system samt visse dele af isse- og temporallappen.

De gamle grækere søgte at beskrive det, de oplevede og forstod, som alle ældre kulturer forsøgte det. Grækerne anvendte myter, og andre fortællinger om guderne og gudinderne på Olympen, som svar på de store spørgsmål. Datidens menneskehed havde også brug for psykologiske og metafysiske svar på deres oprindelse og funktion i verden. Meningen med menneskets tilstedeværelse på Jorden. Den græske mytologi er mest anvendelig i vores kulturkreds, men om vi stammede fra f.eks. Sydamerika ville mayaernes mytologiske univers være mere passende og fremdeles. Grækernes guder og gudinder udgør en del af Vestens kollektive arketyper.

Til et eventuelt selvterapeutisk arbejde med arketyperne, indenfor en jungiansk kontekst, kan bøgerne *De indre gudinder* af Jean Shinoda Bolen, Gyldendal 1991 samt *De indre guder* af Jean Shinoda Bolen, Gyldendal 1992 anvendes.

Ifølge denne bogs hypoteser og idéunivers arbejder vi desuden med et tredje lag. Vi inddrager nemlig, ud over de *psykologiske* og *metafysiske* lag, den *fysiologiske* dimension, i det vi erkender at de to første lag udspringer af det tredje. Hvert eneste digt, drøm, symbol og arketype er en reaktion på elektromagnetisk påvirkning af de forskellige underområder i storhjernen samt andre arkaiske dele af hjernen. Impulserne stammer fra hjernens indre kredsløb og/eller fra ydre energetiske påvirkninger af magnetfeltet omkring hovedet.

For at impulsernes møde, med energimønstrene i de arkaiske dele af hjernen, kan registreres må der være aktivitet i storhjernen. Uden denne aktivitet kan impulserne ikke omsættes til genkendeligt materiale. Forbindelsen mellem energimønstrene i de forskellige dele af hjernen, og fortolkningsarbejdet i storhjernens underområder, skal fungere. Blokeringer mellem de akaiske lag og storhjernen er mere almindeligt end det modsatte, da energimønstrene gennem tiden er sunket ned under bevidsthedstærskelen i storhjernens netværk. De ældste energimønstre ligger ikke mere i de primære baner, men er forvist til de sekundære eller tertiære energibaner.

Arketyperne er gestalter hjernen selv danner. De er energetiske kommunikationslinjer i hjernen mellem de højere og lavere lag. De viser sig som guider eller vejvisere og dukker op når vi er parate til at arbejde terapeutisk med vores ubevidste indhold i de sekundære, tertiære og kvaternære baner i hjernen. Arketyper kan dog også være dele af kollektive tankeformer, fra menneskehedens samlede felt, der er i energetisk kontakt med hjernens magnetfelt.

Arketyperne hjælper os på vej gennem de glemte lag af vores individuelle og kollektive bevidsthedsevolution. Jungiansk psykologi viser os, hvordan de reflekterer ubevidste lag i vores psyke gennem genkendelse af deres menneskelige karakteristika. Vi kan også udvikle os metafysisk via arbejdet med dem i form af abstrakte symboler og kræfter. Det enkelte menneske har, i princippet, hvert sit sæt af arkaiske optegnelser, sin egen myte, som skal kontaktes og erkendes om man ønsker at udvikle de mange dele af hjernen. Hver hjerne har sin egen elektrokemiske struktur. Forskellighederne i de energetiske strukturer viser sig netop i vores personlige myte. Selvom evolutionen sørger for det meste er der nye dele af hjernen som skal udvikles, om man vil ud af standardfeltet. Arketyperne er en udviklingsmulighed.

Nedenstående afsnit om gudinderne, guderne, planeterne og de tilhørende fysiologiske områder i hjernen skal ses som et eksempel på hvorledes kulturelt genkendeligt materiale kan bruges i fortolkningen af visioner og andet materiale fra hjernen.

Jorden eller Gaia kunne fungere som symbolet på cerebellum med centrene for ligevægtssansen og samarbejdet med muskelgrupperne. Visioner af gudinden Gaia, og de kvaliteter vi har tendens til at lægge i hendes personlighed og virkeområder, viser os hvordan vi skal arbejde med cerebellums energimønstre. Cerebellum udgør hjernens fundament. Når vi arbejder med visioner af Jorden og dens kerne, eller arketyper herfra, arbejder vi energetisk med cerebellum og med kroppens indre samt ydre homeostasesystemer. Lillehjernen er tæt forbundet med kroppens autonome systemer, inkl. nervesystemet. Delene udgør de dybeste lag af vores bevidsthed.

Visionerne, og vores forståelse af Jorden, dens tilstand og fremtid, stammer fra energien i lillehjernen i samspil med kroppens energier. Energimønstrene fra lillehjernen projiceres over på storhjernens storskærm, hvor vi kan fortolke dem. Forståelsen og arbejdet med lillehjernens billedunivers integrerer energierne på et nyt niveau og cerebellum udvikles derved. Den følger med hjernens udvikling, som en helhed, selvom mange af dens funktioner er autonome i dag. Ovenstående forklaringsmodel gælder for integrationsarbejdet i alle dele af hjernen og for nedenstående arketyper.

Månen eller Selene var i den græske mytologi datter af Gaia. I myten førte Selene dagslyset videre fra Helios, således at der også var lys om natten. Med lyset i sin favn, red hun hen over himlen i en vogn trukket af to heste eller en okse. Visioner af månen og tilhørende arketyper kan tolkes som en energetisk påvirkning af pinealkirtlen. Vores vågne tilstand, parathed til at reagere samt døgnrytmen styres af pinealkirtlen sammen med hjernestammen. Visioner af månen og de tilhørende arketyper kunne, som forlængelse af pinealkirtlens aktivitet, vise påvirkninger af den forlængede marv, rygmarven, pons eller måske meridianbanerne.

Ares var den blodtørstige irrationelle krigergud. Han var altid sammen med sine følgesvende *Fobos* (frygten) og *Deimos* (skrækken). I midthjernen over pons sidder mandelkernen eller amygdala.

Amygdala fungerer sammen med hjernens andre dele, men er udgangspunktet for energimønstre der genererer vrede, frygt samt diverse forsvarsmekanismer. Sammenhængen mellem visioner af Ares (senere Mars), fortolket som arketype eller som planet med tilhørende egenskaber, og energetisk aktivitet i denne del af hjernens område synes åbenbar.

Venus var den romerske udgave af den græske Afrodite. Symbolsk stod hun for elskoven. Venus var altid forførerisk og fuld af intriger.

Afrodite var først gift med Hefaistos (Vulcan), smedens gud. Sammen fik de datteren Harmonia. Afrodite giftede sig senere med Ares (Mars) og fødte sønnen Eros (længsel). Venus giver mulighed for flere fortolkninger og tilknytninger til forskellige dele af hjernen.

Zeus var gudernes overhoved og styrede Olympos, gudernes verden. Zeus´ egenskaber blev senere blandet sammen med **Jupiters** i romersk mytologi. De græske guders verden var beliggende på et højt bjerg. Visioner af bjergtoppe kan tolkes som symboler på ophøjede bevidstshedstilstande. Moses modtog tavlerne med de 10 bud på Sinaibjerget (Exodus kapitel 32, vers 7-17) og *Bjergprædikenen* kender vi fra Matthæusevangeliet (kapitel 5-7) for at nævne to eksempler. Olympos er da symbolet for storhjernen som helhed.

Merkur eller Hermes var gudernes sendebud. Han formidlede beskeder fra Zeus til de andre guder på Olympos. Visioner af det merkurianske netværk kunne omhandle en energetisk påvirkning af hypofysen, diverse neurotransmittere i hjernen, hormoner og andre impulser som sendes ud i resten af hjernens og kroppens systemer.

Solen symboliserer mange ting. Vi stødte på Helios som guden tilknyttet solen. I Platons dialog *Staten* finder vi *sollignelsen* som en naturlig forlængelse af *hulelignelsen*. Denne lignelse fortæller om, hvorledes solens lys fører den søgende frem til erkendelse i det synet er betinget af synsevnen og lyset. Solen bliver, i den filosofiske tanke, billedet på *det godes idé.* Forudsætningen for at erkende hvad det gode er, er at man må vide hvad der er godt.

Solen kan også symbolisere selvbevidstheden i mennesket. Pluto, Uranus, Neptun og Saturn er ikke blevet berørt. De hører generelt til de nyere dele af vores bevidsthed og dermed frontallappen. Vores Træ kommer nogenlunde til at se sådan ud:

Kundskabens Træ som hjernen

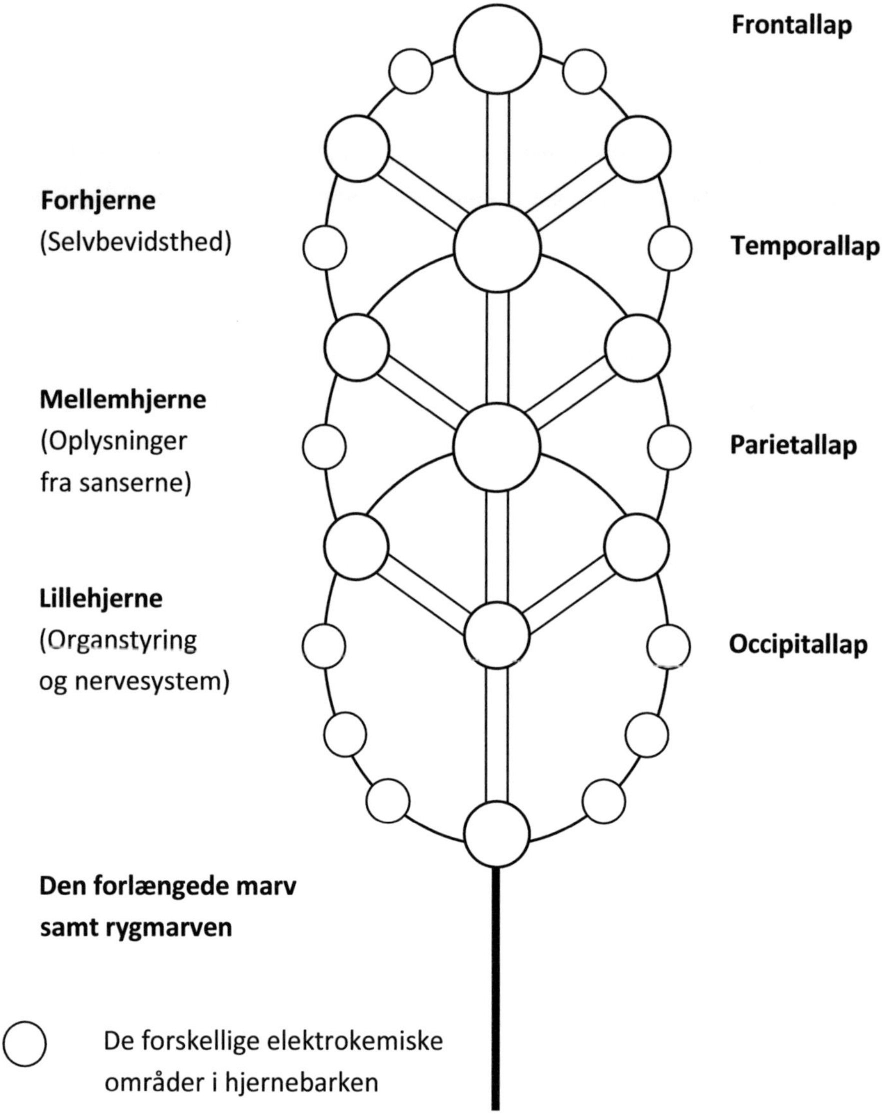

Den øverste sigel i Kundskabens Træ:

Frontallap
Bevidst tænkning, indsigt
taledannelse, empati

Temporallap
Høre-, tale-
og skrivecentre

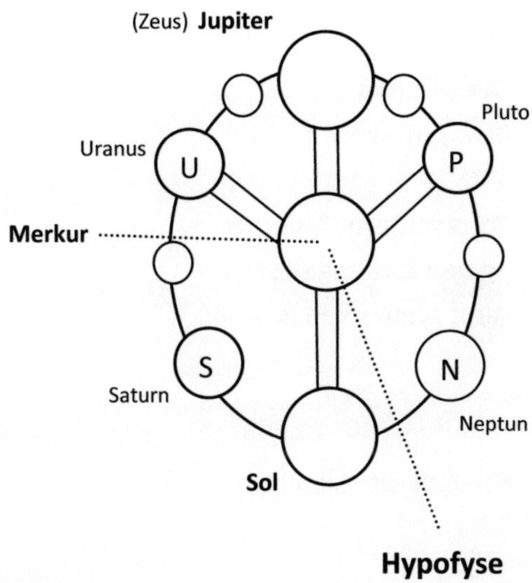

Den midterste sigel i Kundskabens Træ:

Parietallap
Sanser såsom berøring,
føle- og bevægefunktionen,
temperatur, tryk og smerte

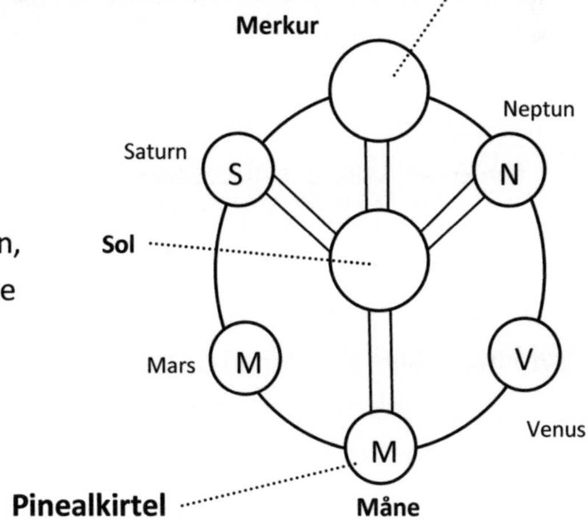

Den nederste sigel i Kundskabens Træ:

Occipitallap
Bl.a. synssansen

Pons samt midthjerne
og den forlængede marv
samt rygmarven (**Måne**)

Cerebellum (lillehjerne)

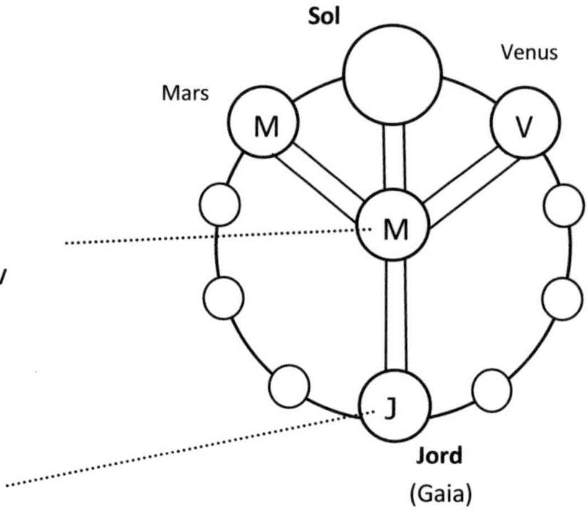

De første guder i myten, titaner og klykloper, beskriver urkræfterne i vores energisystem. De udgør første lag i underområdernes energimønstre. Gennem kampe, udfordringer og modstand udviklede de sig og deres børn beskriver derfor de senere psykologiske energimønstre i mennesket.

Herkules kunne symbolisere jeget. Han markerer den bevidste rejse i fortællingen om *de 12 arbejder.* Fortællingen om Herkules og de mange opgaver, han udfører i gudeverdenen og på Jorden, bliver dermed en tidlig model for individuation eller jegets rejse gennem de primitive dele af hjernen til rejsens ende i frontallappen. Man kan desuden tolke de 12 arbejder som stjernebillederne og de energier, de hver især dækker over.

I udviklingen af hjernen, jeget og kroppen er der en sammenhæng mellem kropsbevægelse, træning, tanke, handling, personlig udvikling og fokus på hjernens samarbejde med resten af kroppen. Metoderne til udvikling af disse tre områder i mennesket, er som tidligere nævnt, individuelle. Der er dog visse overordnede tendenser.

Alle former for bevægelse, dans, løb mv. koordinerer krop og hjerne. Sidegevinsten er øget iltoptagelse, større muskelkraft, bedre selvværd og forøget livskvalitet. F.eks. intuitiv dans og yoga, hvor der er fokus på både vejrtrækning, selve øvelsen, bevidsthed og centreret ro er et fint værktøj til krop-hjerne udvikling.

Jeget eller personligheden udvikles bedst via forskellige former for psykoterapi. F.eks. kan jungianske, kognitive, narrative, positive og eksistentielle terapiretninger anvendes til dette. Målet er at løse op for tidligt anlagte energimønstre, forsvarsmekanismer og tankeformer samt at udfordre den personlige *tryghedszone*. Mekanismer som begrænser det voksne jegs udfoldelsesområder. Efterlevelse og forståelse af Buddhaens noble ottefoldige vej er også en god måde at udvikle jeget på.

Når vi kommer til udviklingen af hjernens underområder er der visse overordnede pejlemærker vi kan holde os til. Sidst i kapitlet er en skematisk oversigt over underområderne og påvirkning fra diverse udviklingsveje og teorier. Gennem læsning og intuitiv behandling af emnerne kan både venstre og højre hjernehalvdel udvikles. På den måde kan den søgende selv indplacere sig og vurdere hvilke områder der mangler at blive udviklet. *Det er kulturelt et must, for Vesten, at vi arbejder os forbi den udprægede venstre hjernehalvdels orientering, denne tid er så præget af.*

Først og fremmest skal vi lære at samarbejde med hjernen på dens egne præmisser og gennem dens egne metoder. Udgangspunktet er at skabe balanceret aktivitet i begge hjernehalvdele. Metoden hertil består i bedre anvendelse af højre hjernehalvdels energier, fordi venstre hjernehalvdel, på så mange måder, bliver udviklet gennem skolegang, videreuddannelser og informationsbehandling i øvrigt.

Energierne løber i magnetfeltet inde i hjernen og omkring hjernen. Opsamling og registrering af omgivelsernes energier sker i hjernens magnetfelt og den energi som cirkulerer der. Magnetfeltets strømme defineres af de aktiverede dele af hjernen og bestemmer indholdet i oplevelsen. Underområderne genererer forskellige opfattelser af ydre energier. Henter forskellige informationer frem og danner forskellige perceptioner.

Psykens indhold er et produkt af hjernens frekvensniveau og jegets struktur bliver dermed en udløber af psykens udviklingsniveau. Det erkendte samt uerkendte energiindhold udgør psyken. Fortolkningen af *mig selv,* som et sansende subjekt, sker når energierne affyres inde i systemet, og registreres via hjernens og kroppens sansningssystem. Fortolkningen og opfattelsen af *de andre*, som ydre objekter, opstår når energisystemet går i interferens med energier fra omgivelserne. Forskellen mellem indre og ydre registreret energi skaber et subjekt-objekt forhold i jegets virkelighedsopfattelse. Energien *indeni,* som jeget består af og energien *udenfor,* som omgivelserne består af. Et *mig selv* og et *mine omgivelser.*

Venstre hjernehalvdel omsætter energi til bevidste informationer gennem en struktureret bearbejdelse af impulserne. Det være sig at skrive det erkendte ned, lave øvelser, udarbejde modeller og tænke over informationerne. En typisk og normal tilgang til udvikling af den strukturelle bevidsthed.

Energierne i *højre hjernehalvdel* udvikles og aktiveres når man, intuitivt eller kreativt, udfører f.eks. håndværk og andre kunstneriske opgaver. De udvikler sig også via bevidst og struktureret bearbejdelse af visioner, arketyper, drømme, eventyr, myter og alle de andre dele af hjernens generelle billedlandskab. Vi samarbejder med hjernen, når vi anvender hjernehalvdelenes informationsbehandlingsmetoder og deres energetiske præferencer.

Man kunne lidt forenklet sige at den strukturelle bevidsthed, i venstre hjernehalvdel, udvikler sig bedst gennem eksoteriske eller videnskabelige informations- og udviklingssystemer, hvorimod den strukturelle bevidsthed, i højre hjernehalvdel, bedst udvikles gennem kunstneriske, psykologiske samt esoteriske discipliner og litteratur. På den måde får kunst, alle former for videnskab og alternativ litteratur ligeværdige pladser i menneskets bevidsthedsevolution.

En deltager i bevidst evolution (bevidst udvikling af egen evolution samt Jordens evolution) udvikler kompetencer indenfor videnskab, kunst, psykologi, filosofi og alternativ litteratur i alle afarter og variationer. Han eller hun vil oparbejde en tendens til at udfordre sig selv litterært, intellektuelt, kunstnerisk og kropsligt med det formål at koordinere kroppen og hjernen til en fungerende helhed.

Når man begynder udviklingsarbejdet af *de sekundære baner*, i både venstre og højre hjernehalvdel, vil hjernen skabe eller hente genkendelige arketyper, symboler og gestalter. Dette skyldes at man i begyndelsen arbejder indenfor standardfeltet med de tilhørende område- og kulturbestemte arketyper, symboler og gestalter. Måske ordene *område- og kulturbestemte* lyder mystiske, men forklaringen er faktisk enkelt. Jordens magnetfelt varierer, af forskellige årsager, på samme vis som tyngdekraften gør det.

Fluktuationerne, områderne i mellem, påvirker de elektrokemiske komponenters sammensætning i overensstemmelse med områdets biologiske og geologiske muligheder. Selvfølgelig er disse muligheder et resultat af Jordens energetiske fluktuationer og andre influerende faktorer, vi ikke skal komme nærmere ind på. De elektrokemiske komponenter bestemmer i sidste ende hvorledes kemien i kroppen og hjernen tager sig ud, og dermed de mulige frekvensmønstre i både kroppens og hjernens celler. Cellerne, neurotransmitterne og deres frekvensmønstre definerer hjernens energetiske strukturer, idéer og tankeformer. Således opstår der forskelle i menneskets selvforståelse og forståelse af sine omgivelser. Mennesket er et resultat af sine omgivelser, men på et langt dybere niveau end blot arv og miljø.

Når *de tertiære baner* aktiveres glider ens personlige ubevidste over i det kollektive bevidsthedsfelt. Her forandrer gestalterne sig. Fra menneskets bevidsthedsevolution dukker materiale op fra dybere lag af det kollektive bevidsthedsfelt. Det kan være græske guder, men også engle, fabeldyr, fremmede guder, symboler, magiske idéer og lignende tankeformer. Senere i individuationsprocessen, når man har oparbejdet et større magnetfelt og begynder at løsrive sig fra standardfeltet, vil hjernen udbygge samt underbygge drømme og visioner med mere personligt indhold og symboler. Materialet hertil hentes oftest fra de bøger, man har læst eller fra de film, man har set. Fra puljen af materiale, man har lagt ind i den højre eller venstre hjernehalvdels strukturelle bevidsthed.

Endnu senere i processen vil materialet stemme overens med de tankeformer og frekvenser man går i interferens med, ofte fra højere dele af Jordens magnetfelt, om man kan omsætte tankeformernes og energimønstrenes indhold til bevidst materiale. Ellers opleves de nye energier blot som en stikken og snurren i hovedbunden, måske endog en let svimmelhed.

Påvirkningen af magnetfeltet, fra det kollektive bevidsthedsfelts inducerede energier, løber med energistrømmene ind i kroppen og aktiverer meridianbanerne. Undervejs exciterer energien resten af CNS og det er dette som er årsag til den underlige stikken og snurren.

De nye energier integreres via bevidst bearbejdelse af materialet, hjernen genererer som reaktion på energiernes påvirkning. Ukendte billeder, symboler, tanker og erkendelser stammer fra energiernes påvirkning.

Gennem arbejdet med myten, drømme, visioner, indre billeder og kreativ forestillingsevne er vi i stand til at udvikle de dele af hjernen, man normalt antager er uden for bevidst rækkevidde.

Religionernes, til dels filosofiens, gnostiscimens og de esoteriske tankeformers visioner, med deres arketyper og symboler, er udtryk for energetiske påvirkninger af storhjernen, primært omsat til bevidst materiale gennem højre hjernehalvdels underområder. Indsigterne, visionerne og oplevelserne stammer ikke fra højere parallelle eller guddommelige virkeligheder, men fra de sekundære, tertiære og kvaternære baner og deres kontakt til dagsbevidstheden.

Det samme gælder for videnskabelige hypoteser og idéer. Her bliver de energetiske påvirkninger blot omsat til bevidst materiale via venstre hjernehalvdels underområder.

Hjernen arbejder 24 timer i døgnet. Den er i konstant interaktion med omgivelsernes energier og de efterfølgende lagringsprocesser. Lagringsprocesserne sker via bevidste eller ubevidste tankeprocesser. Alle lagringsprocesser, udenom vores jeg, er pr. definition ubevidste. Hjernen lagrer energier, der ikke kan rummes af de primære baner, i sekundære baner og fremdeles.

Men selvom energierne lagres ubevidst i de sekundære baner skal indholdet også integreres. Bearbejdningen sker blandt andet gennem drømme. Nattens drømme er en glimrende måde for hjernen at aktivere de lagrede energier, mens jeget er mindre aktiv i de primære baner. I drømmeprocessen udleves, og afspilles diverse scenarier, der er nødvendige i integrationsprocesserne. De primære og sekundære baner aktiveres uden at jeget kan blande sig i integrationsprocessen, f.eks. ved afvisning af energiernes indhold.

En anden integrationsmetode er gennem *projektion* af ubevidst materiale, eller ikke-integreret energi, ud i det omgivende magnetfelt. Hjernen projicerer de lagrede energier ud, i forhold til hvilken del af hjernen energierne findes i, og ser dem reflekteret i omgivelserne, andre mennesker og hændelser. Herved aktiveres energien i de sekundære baner således at den kan integreres gennem de primære baners bevidste processer. *Projektioner er hjernens uerkendte energistrukturer. Disse føres ud i magnetfeltet som energimønstre og tankeformer, vi derefter opfatter som tilhørende andre mennesker eller omgivelserne.* Projektioner er med andre ord illusioner hjernen selv skaber. Hjernen lægger energien ud i magnetfeltet således at storskærmen viser den film, jeget har brug for at arbejde med lige nu.

Energimønstrene i magnetfeltet farver bevidst eller ubevidst vores perception. Hændelser, fænomener, samtaler og interaktion med andre mennesker spejler vores ubevidste eller bevidste opfattelse af tingene. Vi tolker det oplevede ud fra vores selvidentifikationsmekanismer – vores jegstruktur. Ofte viser vores fortolkning sig at være forkert og ikke i overensstemmelse med den reelle virkelighed.

Det uerkendte indhold kan også være tankeformer vi ubevidst har skabt eller energimønstre vi har introjiceret fra omgivelserne, kultur, andre mennesker og oplevelser. Sådanne energimønstre kan bestå af andre menneskers tankeformer, der svinger på en frekvens vi selv indeholder, og derfor går i vekselvirkning med. Det kan også være kollektive tankeformer.

Målet med de forskellige bearbejdningsformer er integration af energi og opnåelse af energetisk homeostase. Energi søger naturligt mod et balancepunkt i sig selv og med de omgivende energifelter. Om energien i de sekundære baner bliver for stor, må det udlades for at kunne integreres i de primære baner, hvor jeget hersker. De daglige hændelser og møder med andre mennesker er vores bedste terapeut, om vi lærer at anvende projektionsmekanismerne og hjernens billedmateriale konstruktivt.

Hvad der kan rummes af energi, idéer, oplevelser og tankeformer bestemmes af jegets struktur eller selvidentifikationsmekanismer. Jegets egne forestillinger omkring hvem og hvad det er. En simpel jegstruktur har ofte større energiindhold lagret i det ubevidste end en rummelig jegstruktur. Den simple struktur skubber alt, hvad der ikke stemmer overens med jegets idéverden, væk. Medfølelse, tolerance, accept og empati følger naturligt med en veludviklet jegstruktur, fordi psykens indhold er erkendt og integreret i de primære baner. De ubevidste områder er blevet bevidste, hvorfor hjernens magnetfelt fungerer mere harmonisk. Energien flyder frit på alle niveauer via samarbejdet mellem de forskellige baner i hjernen.

Hvor de sekundære baner ofte integreres gennem projektioner og drømme, integreres de tertiære baners energier gennem visioner, hallucinationer, vågne drømme, spontant klarsyn og kanaliseringer. Dog udlades de tertiære baners energier først når de sekundære er i balance - med mindre der sker et gennembrud eller sammenfald af hjernens normale udløsningsmekanismer. Det kan ske gennem chok, traumer og andre energigennembrud. Anvendelse af euforiserende stoffer har samme virkning, men kan ikke anbefales. Psykoser og anvendelse af stoffer har det med at gå hånd i hånd. Det er ikke klogt at fremtvinge en integration af energi hjernen ikke er parat til. Det skaber en oversvømmelse af energi og en sådan ødelægger mere end den gavner.

En af farerne, ved en for hastig indstrømning af de andre baners energier, er *inflation*. Inflation sker når de primære baner og jeget kommer under ubevidst indflydelse af de højere baners illusionsverdener. Mangen en esoterisk studerende oplever inflation i større eller mindre grad, og kun en trænet venstre hjernehalvdel, med dens logik og rationelle forståelse, samt et velfungerende jeg kan forhindre et totalt sammenbrud i virkelighedsopfattelsen, når de tertiære baner aktiveres. Tydelige drømme kan inflatere dagsbevidstheden, påvirke humør og tanker, men visioner kan inflatere langt dybere. Skellet mellem indre og ydre virkelighed opløses let, fordi visionens indhold og gestalter kan fremtræde som faktiske ydre fænomener. De højere baners energier er så kraftige at de, gennem magnetfeltet omkring hovedet, kan påvirke de elektromagnetiske virkelighedsniveauer, vi er omgivet af. F.eks. synkronicitet er en følge heraf eller den berømte *Pauli-effekt*.

Hjernen har sit eget integrationstempo og egne metoder hertil. Integrationen følger en langsom udvidelsesproces af cellerne så de tilpasses nye frekvensområder. Som når hjernens sekundære baner producerer projektioner og drømme, hvor den udspiller energiernes indhold. Det er for det første en skånsom metode til integration af det ubevidste indhold i de primære baner. Jeget stifter bekendtskab med energierne via drømmene og projektionerne. Drømmene kan virke som parallelle liv om materialet er vividt nok. For det andet vil den integrerede energi i de primære baner øge netværkets generelle energiindhold. Nu er det tid til en lille historie:

Hun vidste det. Med bankende hjerte løb hun tilbage gennem skoven. Hvorfor havde hun ikke lyttet til sin indre stemme? Hun vidste jo at det var den forkerte sti de havde valgt, men Yago havde overtalt hende. I et svagt øjeblik havde hun ladet sig overtale på trods af alle advarselssignaler. Hun orkede ikke at være på tværs. Hun elskede ham jo – åh ja, hun elskede ham, som hun ikke elskede nogen eller noget. Wild Lone Heart tænkte pludselig på aftenen før.

De havde siddet ved bålet og nydt aftenens lyde, mens mørket havde hyllet dem ind i sin beskyttende kappe. Han havde set kærligt på hende, ladet sin kærlighed strømme frit fra hjertet, drillet hende med hendes stædighed og efter bedste evne overtalt hende til at besøge bopladsen. De havde været der før, men som en god regel besøgte de ikke bopladser og markeder mere end en gang. Det skyldtes hende. Ikke ham.

Yago havde altid succes med at sælge sine sko baseret på godt håndværk. Yago var en dygtig skomager. Det var et håndværk han havde bragt med sig fra Asien. Hun havde flere gange prøvet at udfritte ham. Det var ikke just en selvfølgelighed at en mand fra Asien færdedes i Den nye Verden, men som altid blev han fjern i blikket, lukkede sig inde i sig selv og så vidste hun at der, kom hun ikke videre.

Nej, hun var problemet. Hun og hendes hænder. Hvis nu hun kunne holde sig til urterne og sine sange, ville alt være godt. Men lige så snart en syg kom til hende for at få hjælp, glemte hun hurtigt alle sine indre formaninger om at holde lav profil. Den hvide mand var egentlig et underligt væsen. Han ville gerne helbredes, men ikke mirakuløst. Jo, der var nogle bopladser som tog godt i mod hendes viden og kundskab, mest kvinderne, men mændene blev ofte skræmt af hendes kraft. Alt for tit havde de måtte flygte som dyr i natten.

Den hvide mand havde helt faste meninger om, hvad der kunne lade sig gøre eller ikke. Wild Lone Heart forstod godt dette snæversyn. Det var forbundet med den hvide mands tro, hans Gud og opfattelse af den verden som omgav ham. Wild Lone Heart kendte til den hvide mands Gud gennem hendes mor. Hendes far var kommet hjem med en hvid kvinde efter en visionssøgning og havde taget hende til sig som sin tredje hustru. Hendes moder var oprindeligt kristen og glemte aldrig sine rødder. Hun havde lært Wild Lone Heart om Jesus på sit eget sprog. Wild Lone Heart mindedes sin moder med et stik i hjertet.

Wild Lone Heart havde svigtet sin moder, sin fader og sin stamme, men hun havde altid været vild og villet gå sine egne veje. I en alder af fire havde hun vandret alene i skovene og var kommet hjem med en ulveunge. Under en af hendes visionssøgninger fløj hun sammen med den plettede ørn. Den store Hellighed, Wakan Tanka brugte ørnen til at kommunikere med menneskene. Det var derfor en stærk og hellig kraft at få i en visionssøgning.

Det kom ikke som nogen overraskelse for hendes fader. Han vidste fra den dag, han kom hjem med hendes moder, at hun ville bære et specielt barn. Dette barn var bestemt til en livsvej med stærk medicin. En livsvej, hvor hun som ulven måtte finde sin egen flok uden for stammen. Hun skulle leve vejledt alene af Wakan Tanka. Med ørnen som kraftdyr.

Hvorfor var hun kommet væk fra sin sti? Hvorfor løb hun nu der og vidste, at Yago var i fare? Ulvehunden løb langt fremme og vejrede hendes stigende panik, hvilket fik den til at løbe endnu hurtigere. Hun kunne høre larmen fra bopladsen. Råben og tumult. Brudstykker af "…er hun?" og "svar!"

Wild Lone Heart stoppede et kort sekund. Hvorfor fik hun pludselig billeder af Great Two Horn?

Great Two Horn var den mand, hendes fader var kommet til at love hende bort til. Great Two Horn, den stolte kriger, stammens stolthed og største jæger. En god mand havde hendes far sagt, da hun var stukket i et vredt hyl over at være blevet lovet bort. Ingen skulle love hende bort og specielt ikke til Great Two Horn. Han var måske en stolt kriger og stor jæger, men hun ville ikke være hans bytte. Hun havde set hvordan han betragtede hende. Han ønskede at eje dette vilddyr af en kvinde, en Shunka Warakin - en hellig hund. Ikke for noget i livet skulle det blive virkeligt, men hendes fader var blevet så overrasket over at nogen mand i stammen, og endda så fin en kriger og jæger, ville have hende som sin kvinde. Han var derfor kommet til at sige ja. Og et ord var et ord. Af respekt for sin fader og hans ord, blev hun nødt til at gå med Great Two Horn, blive hans kvinde og underkaste sig hans ønsker.

Yago var kommet til deres boplads sent et efterår og havde tilbragt vinteren hos dem. Hans væsen og udseende havde tiltrukket hende fra første færd. Tiltrækningen havde været gensidig.

De var som to dele af samme stykke. Søgende sjæle med stærke viljer og en styrke der rakte ud over det sædvanlige. Havde Great Two Horn noget med tumulten at gøre? Nej, det var utænkeligt. Hvordan skulle han kunne så hadets frø i andre? Han var blevet vred, da han fandt ud af at hun nærede interesse for Yago. Så vred at han havde slået hende og det havde været dråben.

I ly af natten havde hun gemt sig under de skind Yago havde forhandlet sig til. Om morgenen da han forlod bopladsen var hun med. Først et par timer efter rejsens begyndelse opdagede han hende. Kærligheden mellem dem var stærk og de blev hurtigt enige om, at det var som det skulle være.

Nuet kaldte hende tilbage. Forsigtigt nærmede hun sig bopladsen. Hun kunne lugte mændene og høre helt tydeligt nu, det de ville vide.

"Hvor er hun, djævlekvinden?" De stod mange mænd rundt om en bylt, der lå på jorden, en underlig livløs skikkelse de blev ved med at sparke til.

"Svar!" En af mændene ruskede i bylten og vendte den om, men Wild Lone Heart vidste kun alt for godt hvem det var.

Flere ting skete pludselig på samme tid. Nogle af mændene havde fået øje på hende og begyndte at nærme sig. Ulvehunden sprang frem for at skærme hende fra mændene og den store mand, der havde vendt Yago, kastede ham foragteligt ned mod jorden. Den store mand ænsede ikke andet end sit eget had. Hans sidemand forsøgte at få hans opmærksomhed rettet mod Wild Lone Heart, men han var for opslugt af sit forehavende.

Han hørte eller så intet andet end bylten på jorden. Med et kraftigt, kort og velafrettet spark, jog han sin store støvle ned i Yagos strube.

Et skarpt smæld lød i luften. Som lyden af vraggods der splintredes mod hadets golde klipper. Et kort nu og alt var forandret.

Et lille øjeblik i tiden, et andet menneskes had og Yagos liv var slut. Med den handling, den lyd, det korte nu eksploderede Wild Lone Hearts hjerte og hjerne i smerte og frygt.

Ulvehundens hyl fik hendes instinkter til at vågne igen, men det var for sent. Ulvehunden havde angrebet en af mændene. I selvforsvar trak han sin pistol og skød ulven. Det var mere end Wild Lone Heart kunne bære og ligegyldighedens følelsesløse kappe lagde sig om hendes skuldre. Der var ingen grund til at flygte, ingen grund til at kæmpe - alt var tabt. Måske hun ville vinde slaget, men krigen var tabt. Yago og Ulvehunden var borte for altid. Uden dem var der intet på denne jord som bandt hende til den. Mørket sænkede sig beroligende omkring hende.

Smerterne var uudholdelige. Larmen og lugtene fra mange mennesker bragte hende til sig selv igen. Forslået, med hænderne knust, voldtaget og afklædt lå hun der på tribunen til spot og hån i menneskemylderet. Hun vidste at det blot var et spørgsmål om tid, inden det fik sin ende.

Langsomt løftede hun sit hoved og kiggede op på bakkerne bag bopladsen. Noget havde fanget hendes fortumlede opmærksomhed. Gjorde hendes slørede syn skarpt. Var det ikke? Jo, stolt og med øjne lysende af had, sad Great Two Horn på sin hest og fulgte optrinnet med en slet skjult fryd. Som om den hvide mands hævn også var hans hævn, hans oprejsning for hendes svigt og forræderi. Hendes øjne søgte længere op mod himlen. Måske hun kunne finde trøst der?

De fysiske smerter var så voldsomme at hun næsten blev adskilt fra sin krop, mens hendes sorg gennemtrængte og lammede hendes sind. Alle tankerne, hun kunne have tænkt, forsvandt i sorgens øde. I de sidste sekunder af sit liv så hun mod himlen og der, cirklende over hendes hoved, fløj den plettede ørn. Som om Wakan Tanka var til stede og overværede optrinnet.

På et ethvert andet tidspunkt ville hun have opfattet synet som en trøst. I dette nu, plaget af sorg og afsindige smerter, kunne Wild Lone Heart ikke holde fast i sin kraft og sin sti. Vreden i hende oversteg fornuftens stemme og det sidste hun gjorde, i hendes korte liv, var at forbande Wakan Tanka, den hvide mand, Jorden, Great Two Horn og livet selv.

(2002)

Historien om Wild Lone Heart startede som en drøm. Drømmen udviklede sig gennem meditationer, hvor flere brudstykker dukkede op. Stemninger, billeder, lyde og følelser tilknyttet Wild Lone Hearts hukommelse. En meget detaljeret og livlig drøm, men dog en drøm.

I jungiansk terminologi kaldes dette for en arketypisk drøm. Hensigten med sådanne drømme er at aktivere nye aspekter af jeget. Hjernen søger at vække jeget og føre det til opdagelse af vigtige sider, det har fortrængt. Sider som ikke passer ind i jegets selvbillede. Nye energier, kvaliteter og egenskaber.

I drømmen er der to udtryk for *animus.* Yago, som en kærlig side af animus der, trods sin fremmedartethed, har formået at tilpasse sig verdens krav og behov. Den negative side af animus viser sig som Great Two Horn. Han symboliserer den selvdestruktive side af jeget der forsøger at ødelægge de positive naturlige kræfter i psyken (helbreder, musik, naturen og forholdet til dyrene). Destruktionen viser sig også som gruppen af fremmede mænd. Yago, ulvehunden og den vilde del i psyken ødelægges af disse brutale kræfter.

Arbejdet med projektioner og visioner foregår på samme måde som når vi tolker drømme. Begge skal bearbejdes terapeutisk for at integrere energien i dem.

Det er muligt at sætte integrationsprocessernes hastighed i vejret ved at kommunikere og samarbejde med banernes ubevidste indhold. Vi kan lære at tolke hjernens billedlandskaber gennem metoder som drømmeterapi, psykoterapi, kunstterapi og shamanisme. Den aktive forestillingsevne er et af vores værktøjer i arbejdet med det ubevidste indhold. Hjernen har en tendens til at objektivisere energi i indre gestalter, arketyper og drømme. Jegets bevidste arbejde med dem medfører at hjernen integrerer energien bag gestalterne. De indre gestalter forholder hjernen sig til i et *jeg-det forhold*. Ofte virker disse gestalter som levende og ukendte væsener med et andet indhold end det bevidste jeg forstår. *Subjekt-objekt relationen* (*jeg-det* eller *jeg-dem*) stammer fra energimønstrenes placering via de indre og ydre strømme af magnetfeltet. De indre strømme er som regel integreret som en del af jegets selvidentifikationsmekanismer, hvor de ydre stømme i magnetfeltet ofte indeholder fortrængte energimønstre fra de sekundære, tertiære og kvaternære baner.

I arbejdet, med de sekundære og tertiære baner, kan vi spontant skrive historier, digte eller male billeder med et indhold vi knap nok vidste, vi indeholdt. Her er et eksempel på kreativ forestillingsevne:

Da jeg begyndte min meditation, var jeg stadig i den tro, at jeg skulle hente mere viden fra min indre væren. Jeg havde overgivet mig fuldt og helt til denne indre bevægelige virkelighed der udspillede sig sideløbende med min virkelige virkelighed, om der findes en sådan. Jeg havde hentet information og viden, jeg ikke vidste, jeg havde. Jeg kunne pludselig definere viden og sager, jeg måtte forundres over, mens jeg skrev.

Drømmegestalterne trådte frem i min hverdag med opløftet og ophøjet stemninger fulde af kraft og magi. Dage med besøg af indre væsener, der fremviste sig i mit ydre rum. Magikere med latinske formularer og besværgelser, jeg skulle udføre. Ritualer, jeg end ikke kendte til og ord, jeg ikke anede betydningen af. At modtage latinske ord, så slå dem op og finde meningen bagefter, var eventyrligt.

Jeg trådte som sagt ind i Stilhedens Rum og forventede at møde de entiteter, jeg havde mødt og brugt i så mange dage efterhånden. Det skulle vise sig anderledes denne gang.

Jeg befandt mig i et univers, jeg var ganske ubekendt med. Et univers af grå og tomme menneskeskaller. Mennesker bygget op af aske. Hvor var jeg?

Jeg ville væk derfra, men blev holdt fast af to mindre charmerende mørkevæsener. De gjorde det tydeligt for mig, at jeg skulle blive for at lære.

"Dette er de henfaldnes rige," fik jeg at vide.

"Således ser de henfaldne ud, når de endeligt træder ud af inkarnation. Dette er samlingsstedet, hvor de synker ned ved dødens indtræden. Når de henfaldne forlader deres krop efter utallige inkarnationer med arbejde gennem mørkets kræfter."

Mens jeg så rundt på dette niveau af manglende eksistens, gjorde mit hjerte ondt. Et er at tale om de fortabte og når man er i et ophøjet idealistisk lys. Der er man parat til at ofre nogen eller noget for sagen. Noget andet er at møde disse væsener på vej ud af Skabelsen. Møde dem ansigt til ansigt. At se dem, virkelig se dem og mærke den store medfølelse i hjertet. Tomme udtryksløse hylstre af formørket væren. Aske og tomhed.

"Skal de bort?" spurgte jeg.

"Kan du det?" lød svaret. "Kan du udrydde dem? Udslette dem således at Skabelsen kan elevere sig selv og nå sit planlagte mål? Kan du gøre det? Vil du ofre dem for helheden?"

Svære valg, svære beslutninger og ondt i hjertet. Kunne jeg påtage mig det ansvar og hvorfor skulle jeg? "De er dine væsener," fik jeg at vide. "Du har skabt dem, så du skal fjerne dem."

"Er det nu smart?" tænkte jeg. "Hvad ville det betyde for min ydre virkelighed?" Et var at fjerne et niveau, noget andet var de effekter, det havde på resten af den ydre virkelighed og jeg kunne se, at der var flere niveauer.

Var det i virkeligheden mit indre univers, jeg skuede?

"Hvorfor tøver du? Du plejer da ikke at være bange for at fjerne skidt og ubrugbare gestalter?"

Nej, det var jeg ikke kendt for. Jeg var altid modig og gik til sagen med krum hals.

"Kunne man ikke indsætte noget af det højestes lys i dem og se, om de kunne hæve sig op til et højere frekvensbånd?" spurgte jeg, mens jeg prøvede at tage lidt lys fra mit eget gitter og sætte ind i en.

Men den henfaldne opløstes blot som støv for mine øjne. Jeg forstod at dette ikke kunne lade sig gøre. At det blot var endnu en af de prøvelser, jeg måtte gennemgå for at vokse i mit indre.

Som sagt, således gjort, men med en smule mere forsigtighed end jeg plejede.

Jeg skabte et kar med ingenting. Et kar, som de opløste henfaldnes sorte væske kunne flyde ned i og forsvinde ud i, uanset hvor mange af disse væsener fremtiden måtte skabe. Jeg samlede al min kraft og mit lys og pustede hele dette frekvensbånd væk. Som den store stygge ulv, pustede jeg til de henfaldne og opløste hele deres verden. Væsken, det efterlod, løb som en stille flod ned i karret jeg havde skabt.

Som en druknende, løftede jeg mit hoved op over overfalden af de henfaldnes rige for at få ilt og igen blive mig. Jeg klatrede op af dette hav af død, og trak mig træt op på en solbeskinnet strand. Hvis jeg havde troet, at jeg kom til mine kendte zoner, tog jeg fejl. Igen så jeg mig selv i et rige, jeg ikke kendte. Jeg sad der lidt indtil en lille yngling kom og satte sig ved min side.

"Hvad vil du?" spurgte jeg ham og han vendte sig mod mig.

Det var ikke et ansigt, jeg kendte. I stedet for et drengeansigt, havde han et Janushoved. To grimme ansigter, forvrænget af hver sin grinmasse.

"Hvor er jeg?" spurgte jeg.

"I de gales rige," lød svaret.

"De gales?" svarede jeg som et tamt ekko.

"Ja, det indre rum, alle gale mennesker trækker sig ind i, når de sidder og rokker på alverdens galeanstalter. Det rum de lever i, fjernt fra den ydre virkelighed som de ikke magter og fjernt fra den indre virkelighed, de heller ikke magter. Her er fred og mulighed for at skabe de scenarier, de kan håndtere og leve igennem."

Nu har jeg ikke læst Dantes rejse, men på en eller anden måde forstod jeg nu at dette var mit eget rige, mine egne rum af henfald, af galskab. Det indre rum, jeg brugte sammen med en million andre gale.

"Skal dette også opløses?" spurgte jeg. "Hvad vil der ske med min ydre virkelighed, når de gale ikke mere har et sted at være? Vil det oversvømme mig med vanvid og handlinger, jeg ikke kan håndtere?" bekymringen var tydeligt at spore i mit spørgsmål.

Drengen svarede ikke. I stedet lød en stemme der kunne have passet ind i en af profeternes skildringer, fra deres rejser i det indre rum. Den udbasunerede: "Det er blevet profeteret, at på den yderste dag, vil de gale gå i gaderne og den verden, mennesket kender, vil forgå."

Nuvel. Hvad gør man med et "wanna-be" bibelcitat og en stor stemme, der inden i ens hoved klart indikerer, at dette offer også må ydes. At denne handling må og skal ske? Man gør som man får besked på. De gales rige blev opløst, forstøvet, pulveriseret og den imaginære sikkerhed, riget havde tilført mig selv, forsvandt i et nu. Nu måtte de gale være til og den kendte verdens sikre strukturer måtte opløses.

De gale ville vandre i gaderne og gøre det, der nu skulle til for at forandre mit livssyn. Endnu et rum, skabt for at stabilisere mit indre, var opløst. Endnu en sikkerhedsmekanisme, for at overfladen femstod sikker og normal, forsvandt.

Med opløsningen af de henfaldnes og de gales rige, indså jeg at de ubevidste lag i mig var kommet frygteligt tæt på jegets område.

"Jamen, det er jo frygteligt. Alverdens ondskab kan nu få adgang til min verden," indvendte jeg.

Igen så jeg den elevation, Skabelsen skulle foretage for at lyset kunne skinne igennem på alle planer. Og igen forstod jeg at dette var den vej tingene måtte gå for at fuldføre min udvikling. Disse rejser ind i Stilhedens Rum. Rejser ind i et rum, hvor virkeligheden blev opløst og drømmenes gestalter tog over. Min indre apokalypse. Meditationens mål var denne gang nedbrydning og udvikling af mit indre, hinsides jegets univers. Det dybeste ubevidste. Et pulserende omsluttende mørke. Var Skabelsen mit eget indre hierarki – mit rum? Eller det kollektive ubevidstes rum reflekteret i min psyke? Det gjorde ingen forskel. Jeg skulle møde det, jeg skulle håndtere det og jeg skulle eliminere det. Min opgave. Mine syn. Min rejse.

Hvorledes opløses et gigantisk rum af mørke? En hel zone af mørke og grimme kræfter? Med det bedste lys i mig. Med min kraft, min parallelle væren. Serapheyia. Det sidste offer.

Endnu en transformationsproces. Endnu et skifte i mit indre rum. Endnu et farvel til noget, jeg havde bygget omkring mig for at kunne gøre det, jeg skulle gøre. For at kunne være i verden. Hvor smertefuldt det end var. Suk, Serapheyia, du smukke væsen.

Det kim der måtte opløses således at resten af virkeligheden kunne udvikle sig yderligere. Du smukke kriger. Fra at have stået bag mig, bestående af lysende og kraftigt lys, trådte du helt frem og lod alle mørkets væsener løbe frem mod dig. Som ville du beskytte mig. Alle dine små hjælpere af lys kastede sig ind i mødet, i konfrontationen med mørket.

Som en dårlig b-film. Du ophørte med at være en anden og blev mig, og idet vi smeltede sammen, sprang en af mørkets væsener lige igennem os. Vores hjerte. Dit og mit. Flere fulgte efter. På den anden side af hjertets tunnel flød den opløste substans, og det fortalte mig, at jeg var på vejen frem til opløsningen af mørket. Serapheyias sidste handling. At transformere det mørke, hun og jeg havde integreret i os selv.

For hvert mørkevæsen, der sprang igennem Serapheyias væsen, blev hun lidt mindre. For hvert væsen, hendes gitter opløste, forsvandt lidt af hendes kraft. Serapheyias endeligt. Den sidste prik af mørke tog hende med sig ned i det hul, hvor mørket ikke mere er. Alt, hvad jeg stod tilbage med, var et rum fuld af lys. Det rene lys. Stilhed. Ikke flere mørkezoner eller nedre rum. Kun lys og stilhed. Jeg sad helt alene og så mig omkring. Ingenting, kun lys. Dog, der fremme var en dør. Jeg rejste mig og gik igennem denne dør. En ny dør, et nyt eventyr eller? Nej, kun opadstigende opaliserende farver. Som en kraftigt lysende regnbue, der blæste opad. Jeg kunne ligeså vel tage springet ud i det og det gjorde jeg. Se. At være vægtløs og svæve i dette væld af farver.

At opløses, brænde op, forsvinde, blive til lys. Det skete. Og i min meditation, i min fysiske krop, mærkede jeg en stor glæde fylde mit hjerte. En energi, som løftede mig. Kun lys. Kun glæde. Kun tomhed.

"Har jeg tabt det hele?" tænkte jeg. "Er der ingenting tilbage? Hvad med al den viden Serapheyia havde givet mig? Ville hun komme igen eller var hun borte for altid og hvis hun var, hvad havde jeg så?"

Jeg var mindst lige så bange nu, ved hendes bortgang, som jeg var, ved hendes ankomst. Jeg fik en trang til at mane hende frem, gennem de billeder, der lå i min hukommelse. Lige så meget, som jeg kunne have lyst til at mane fortiden frem, og gøre mange ting om.

Nu var hun blot et minde, jeg skulle lære at forholde mig til. Hun var ikke mere. Tiden og det rum var borte. Og verden var nu. Mørket var væk. Det delte univers var blevet ét.

(2004)

Drømme og visioner er kræfter og energier vi skal integrere på lige fod med faktiske hændelser. Hjernen arbejder identisk med begge typer af informationer og energimønstre. Når oplevelsen er lagret i hjernens netværk, hører de til det indre landskab. De eksisterer som erindringer. De anvendte energier, i billedmaterialet, skal sættes fri gennem terapeutisk arbejde. De skal forløses, mærkes og erkendes. Kun på den måde bliver energien integreret i de primære baner. Bliver en del af jegets beredskab. Hjernen gemmer på informationer, på energi og på sansninger langt ud over det, vi normalt forstår som hjernens funktion. Den opfanger energi på så mange planer at vi taler om multidimensional virkelighedsforståelse. Ikke at dimensionerne nødvendigvis eksisterer objektivt, men deres indhold og fortrængte energier eksisterer i høj grad i hjernens celler og caviteter, hvor de påvirker magnetfeltets strenge.

Som vi har talt om tages der, efter at de sekundære baner er integreret, andre dele af hjernens energier i brug. *Om hjernen har oparbejdet energi i andre baner, den ikke kan udlade i passende former som f.eks drømme eller projektioner, vil den skabe autonome indre billeder, såsom visioner.* Dette sker gennem anvendelse af nye energimønstre lagret i de tertiære og kvarternære baner. Disse baner er ikke helt så skånsomme i deres udladning som de sekundære. Energierne i de tertiære og kvarternære baner er højerevibrerende, arbitrære og komplekse. Når først banerne er aktiveret er der ingen vej tilbage. Hjernens lille univers udvides til helt nye perceptionsområder.

Om vi ikke arbejder konstruktivt og bevidst med de nye energier, og de får lov til at hobe sig op, bliver resultatet inflation af jeget med dagsbevidste fantasier, visioner, idéer, nye tankeformer, kanalisering, opfattelse af væsener på *æteriske, astrale og mentale planer* og så videre. Vores virkelighedsopfattelse rystes, godt og grundigt, med materiale langt udover standardforståelsen af psykens indhold. De tertiære og kvarternære baner indeholder det vi, i dag, kalder *højere bevidsthed*.

Faktisk er det ikke højere bevidsthed i egentlig forstand, men mennesket ved endnu ikke, hvor langt tankeformerne, illusionerne og hjernens egne skabninger rækker. Den højere bevidsthed findes på de formløse planer bag kvantevirkeligheden. Her finder vi intelligens og bevidsthed i deres rene dynamiske og potentielle tilstandsformer. Vi er langt fra at anvende og beherske disse bevidsthedslag, fordi de kræver et aktivitetsniveau i hjernen på mellem 33-69 Hz.

Hjernen opfinder passende billedmateriale til energierne fra de tertiære baner, således at den kan gå i dialog med energierne. Den placerer hologrammer, dvs. det samme billedsprog som i drømme, i det ydre magnetfelt hvorved subjekt-objekt relationen overholdes. Formålet hermed er at få energierne integreret. Jeget går i dialog med hologrammerne og tror, at det er væsener udenfor sig selv. Det er det ikke. Det er energetisk materiale placeret på dybere niveauer end standardpsykens primære aktivitetsområder.

Grunden til at det sker, i opmærksom tilstand, skyldes energiernes frekvensområder. De sekundære baner aktiveres indenfor søvnens frekvensområde i alle mennesker. Netværket på de tertiære niveauer aktiveres, i vågen tilstand, i en hjerne med et højt energetisk integrationsniveau opnået gennem mediation og andre metoder til øget energioptagelse. En anden grund til at hologrammerne opstår, skyldes den øgede energicirkulering hjernen ikke kan udlade. Det er ikke muligt at projicere energien ud i kendte scenarier - de findes nemlig ikke - hvorfor hjernen genererer sine egne scenarier.

Hjernen opfinder gestalter, symboler, vejledere, hierarkier med engle, afdøde, guider og meget mere i sit forsøg på at objektivisere energien i magnetfeltet. Den placerer energien i gestalter og visioner der kan erkendes gennem den strukturelle bevidsted og de primære baner. Igen med det formål at integrere energien fra de tertiære baner. Såkaldte ophøjede tilstande er udtryk for en sådan energetisk rokering eller forandring i hjernens kemiske balance på grund af øget energioptag. Enten inde fra systemet selv, hjernens magnetfelt, eller udefra gennem kontakt til det kollektive felt. Disse gestalter som der placeres i det ydre magnetfelt kan særligt følsomme mennesker se, aflæse og bearbejde.

Efter de tertiære, aktiveres de kvaternære baners energimønstre og strømme. Den akkumulerede energi fra de sekundære og tertiære baner opsummeres i kvaternære baner. Her kan vi sætte hjernen i gang med at trække energier ind på andre niveauer, af omgivelsernes energihav, end den standardfrekvenserne og normalbevidsthedens spektrum anvender.

De kvarternære baners indhold har intet sted at udlade sig, fordi omgivelsernes energifelter arbejder indenfor standardfrekvenserne, hvorfor hjernen tvinges til at skabe et *parallelt univers* i sig selv. Subjekt-objekt relationen forhindres i de ydre omgivelser og et indre miljø må genereres. Hjernen danner et fiktivt univers bestående af virkelighedsniveauer og livsformer, de højere energier kan integrere sig gennem, på samme måde som energierne fra de sekundære baner integreres via drømmenes scenarier. I drømmenes univers antager jeget nye former, leger med selvforståelsen og sit selvbillede. Denne metode anvender hjernen også i de tertiære og kvarternære baner, blot gennem visionernes landskaber og universer.

For den nutidige hjerne vil dette ofte vise sig som eksistens i science fiktion regi, som vi ser så meget af i denne tid, samt en selvforståelse af at komme fra en anden planet. Det parallelle univers må have et jeg og oplevelsen af at komme fra en anden planet opstår. De kvaternære baner danner sin egen parallelle virkelighed med et passende jeg der kan udleve energiernes indhold via subjekt-objekt relationen.

I ældre tider var det himmerig eller scenarier fra et efterliv af en slags. Sjælenes rige stammer fra samme proces, blot i en ældre del af hjernen. Inkarnationstankegangen, som vi kender den i dag, stammer fra de tertiære baners tankeformer og oplevelser i hjernens dybere uerkendte lag. Tilførsel af energi fra storhjernens højere baner skaber scenarier og oplevelser i meditationer, visioner og kanaliseringer, som jeget giver liv i tankeformer og energimønstre. Disse forbinder sig med de eksisterende tankeformer i det kollektive bevidsthedsfelt og således forstærkes den individuelle oplevelse.

Hjernen skaber narrative landskaber i magnetfeltet gennem tankeformer og arketyper, for at integrere energierne bag dem. Den skaber *Selvets* landskab, hvor vores uerkendte energiniveauer kan tage bolig. Visionernes paladser. De nye energier i hjernen, vi endnu ikke har formået at finde anvendelse for i den omgivende virkelighed og dens energifelter, skaber nye baner i hjernen. Gennem selvbevidstheden reflekteres disse baners indhold i et parallelt selvskabt landskab og danner det, vi oplever som et højere selv. *Det højere selv bliver et andet jeg i omgivelserne på de højere frekvenser, mens jeget forbliver på standardfrekvenserne.*

På samme måde som drømme udvider og udvikler jeget, giver de kvaternære virkeligheder og oplevelser ny kraft til selvbilledet og flytter mange af jegets grænser og forsvarsmekanismer. Set i det lys er disse former for parallelle jeger positivt medvirkende til at udvikle psykens primære baner og skabe øget energioptag i hjernen. Den negative side er at det usikre og ustabile jeg identificerer sig med det kvarternære jeg, og tenderer mod at negligere den virkelighed som omgiver det primære jeg i hverdagen. Jegets fokus flyttes indad og ophører med at fungere optimalt i dagliglivet.

Visioner, intuitiv formidling, opfattelse af væsener i omgivelserne, visse dele af det clairvoyante spektrum, samtaler med engle, guder, væsener fra andre planeter, hjælpere, guider og andet godtfolk som vi sanser, når vi arbejder med energi, er hjernens egne skabninger. De er tankeformer og energimønstre, og skabes af energier fra dele af hjernen vi endnu ikke har klarlagt, hverken videnskabeligt eller individuelt. De stammer fra de højere frekvensers interaktion med hjernens celler og dens evne til billeddannelse gennem subjekt-objekt relationen. Det er altsammen dybdepsykologisk materiale – ikke omgivende realiteter. Vi er langt fra at forstå virkeligheden og dens mange lag. Mennesket er stadig fanget i sine egne illusioner, hjernens processer samt de kollektive tankeformer, og kan derfor ikke skue virkeligheden som den faktisk er. Virkeligheden er potentiel. Ikke håndgribelig og forståelig gennem den strukturelle bevidsthed. Her skal andre sanser og bevidsthedstyper til.

Virkeligheden kan ikke defineres - den kan kun erkendes intuitivt. Og intuitionen udvikles i frontallappen.

Clairvoyance er aflæsning af bevidste eller ubevidste tankeformer i andre menneskers magnetfelter omkring krop og hoved. Healeren og den clairvoyante aflæser billedmaterialet som klienten, bevidst eller ubevidst, har placeret i sit energikredsløb. De ligger som filer til aflæsning, men har meget lidt at gøre med afdøde, faktiske væsener og beskeder fra guider og hjælpere. De reflekterer materialet hjernen har placeret i det ydre magnetfelt, med det formål at integrere dem gennem subjekt-objekt relationen på et passende tidspunkt.

Psyken og dermed jeget gemmer på mange lag. Vi kender kun en brøkdel af hjernens mekanismer og hemmeligheder. Langt hen ad vejen er oplevelser af tidligere inkarnationer og spirituelle oplevelser psykens eget indhold. Det er arketyper eller fortrængte energier som skal integreres, således at jegets kapacitet forbedres og udvides. Først når vi har integreret vores eget uerkendte indhold, arbejdet med os selv terapeutisk og klarsynet, kan vi begynde at forstå virkeligheder hinsides hjernens og psykens sfærer. Arketyperne er ikke det sidste stop på rejsen ind i vores psyke – de er mere begyndelsen.

Fornuft, forstand, tænkning og handlekraft er målet for den strukturelle bevidsthed, som den udfolder sig i mennesket gennem hjernens forskellige lag og hulrum. Visioner og intuitiv erkendelser er, alt andet lige, et udtryk for vores hjerne og dens udviklingstrin.

Jeget defineres af psykens og hjernens udviklingstrin. Jeget kan ikke undslippe hjernens processer og måder at bearbejde sansninger, energi og information på. Derfor må jeget udvikle sig gennem den strukturelle bevidsthed. Jeget må konfrontere alle psykens gestalter, lære at skelne mellem deres funktioner, budskaber og udviklingsområder. Jeget må samarbejde bevidst med sin hjerne, med sig selv, med psyken og dens autonomi, i og med at hjernen udfører en del aktiviteter, jeget ikke er herre over. Processerne i hjernen, dens netværk og dens 24 timers elektrokemiske aktivitet er langt hen ad vejen udenfor jegets bevidste kontrol. Det er det, den strukturelle bevidsthed hjælper til med at forstå, erkende og integrere. Jeget kan anvende den struktruelle bevidsthed til at få styr på sin hjerne og psyke.

Vi skal kunne lave et mildt split i vores indre struktur, hvor vi lærer at *jeg, min psyke og min hjerne* er det trillingepar, der er et og samme og alligvel er tre forskellige dele af os selv. Vi kan gennem interesser, drømme, visioner og indre gestalter, vi møder i vores indre arbejde, finde ud af hvilken del af hjernen vi nu skal udvikle. Hvilken del som er i aktivitet. Den strukturelle bevidsthed udvikler sig gennem forståelse, begreber, visioner, arketyper, videnskabelige beviser osv. Vores største udfordring i arbejdet med vores bevidsthed, og vores hjerne, er hjernens tendens til at objektivisere ting som noget udenfor os selv. Næsten alt i vores sind, indtil vi bliver bedre til at skelne, såsom visioner, indre vejledning, kanalisering osv. er og bliver hændelser produceret af hjernen. Vi ved reelt ikke, om det vi ser og sanser, er vores egne fantasier eller om det er kontakt til andre væsener og virkeligheder. Hjernen skelner som sådan ikke mellem ydre og indre hændelser. Den registrerer energi, omsætter det til information, og finder passende billeder der normalt følger med den information og energimønster. Hjernen er en avanceret computer og bearbejder information med en hastighed, enhver kunstig intelligens måtte misunde. Vi kan derfor ikke stole på at vores sansninger, indre vejledning og visioner er absolut sande. Og det på trods af at informationerne bliver leveret af et væsen, et billede af et menneske, en mester eller hvad vi nu møder i hjernens kringlede kroge.

Vi må først og fremmest behandle alle visioner og oplevelser som arketyper, symboler og hjernens billedsprog, også selvom hjernens mekanismer objektiviserer oplevelserne til levende væsener med fremmede budskaber og indhold. Vi bør anskue indholdet således, fordi vi faktisk endnu ikke *ved,* at der er liv derude med evner til telepatisk kommunikation mm. Målet er ikke at sige om det er sandt eller virkeligt, for hvad ved vi om det, men om det udvikler hjernen og vores bevidsthed.

Med andre ord gør det ingen forskel om vi taler om et højere selv eller om det er de resterende 85 % af hjernens kapacitet, vi endnu ikke anvender, der pludseligt aktiveres via vores hjernegymnastik. At hjernen omdanner den højere aktivitet til levende livsformer eller om den danner drømme og arketyper er det samme. Begge indeholder ny energi, ny bevidsthed, vi kan integrere og aktivere i hjernens primære baner. Det leder alt sammen til yderligere frekvensforøgelse og det er det, vi søger at opnå.

Vi kan dog med sund fornuft sige: Energi er intelligent og bevidst, så naturligvis må der findes liv andre steder. Desuden, nu hvor vi har opdaget hvor stort universet er, må der være højere og lavere former for udviklet liv i fjerne galakser. Medmindre dette også er en illusion hjernen har skabt. Dog, det giver sig selv. På et eller andet tidspunkt, i tid og rum, vil vi opnå kontakt gennem tekniske kommunikationsformer. En anden mulighed er at vi opnår kontakt gennem subtile kommunikationsmetoder såsom telepati og andre interdimensionelle energiformer.

En anden lille slutbemærkning skal falde omkring tidsforståelse. Lavere frekvenser i hjernen medfører tidsintervaller der opfattes som længerevarende, hvorimod højere frekvenser medfører komprimeret tidsfornemmelse eller synergetisk tidsopfattelse. Rummet, og dermed tiden, bøjer sig med energiens hastighed. Virkeligheden er relativ og føjer beskuerens energiniveau samt hans eller hendes udgangspunkt i tid og rum. Dette fører til interessante konklusioner, når vi taler om bevidst kontakt til andre livsformer i tid og rum. Måske vores hjerner er for lavfrekvente til at kunne mødes med livet *derude*, fordi vores *opfattelse* er baseret på forkerte forestillinger af livets placering i tid og rum?

Lad os derfor gemme de mange debatter om andre livsformer i galakserne, i telepatisk kontakt med os, til det sted i den kollektive bevidsthedsudvikling, hvor langt flere af menneskehedens befolkning har opnået forøget hjernekapacitet og har bevæget sig ud over sine mange begrænsninger. Så kan vi debattere det, for først der, er vi på lige grund - ligestillet og med mulighed for at forstå hinanden. Indtil da vil det bare være en strukturel debat om virkelighed, indre eller ydre, om forskelle i anvendelse af hjernens områder og de opfattelser dette medfører. Sikkert er, at de forskelligt udviklede hjerner vil forstå virkeligheden ud fra lige præcis deres aktiverede område og se den som værende den absolut sande.

En sidste vinkel på myter og visioner er den religiøse snak om lys og mørke. Hvis vi anvender symbolikken med frygten (Fobos) og skrækken (Deimos) forstår vi dette bedre. Mørket eller dæmoner er en *amygdalaforseelse*, ikke faktiske væsener. Mørket, vi projicerer ud i omgivelserne, er og bliver vort eget indre mørke. Vores *skygger*. Dikotomien om det gode og det onde findes i os selv. Vi projicerer energien ud og udlever den i verden. Der findes kun fortrængte energier, i den enkelte, maskeret som formørket bevidsthed og oprindelsen ligger i mennesket selv – ikke i en gud eller ydre kræfter.

Skyggerne i os selv forstærkes let af fortidens tankeformer, fordi respekten for andre livsformer har ikke just været menneskets stærke side. Energien herfra præger det kollektive bevidsthedsfelts arketyper og tankeformer. Vi kan så let som ingenting kontakte disse tankeformer og forstærke skyggerne i os selv.

Vi er underlagt dikotomien under hele vores rejse gennem psykens landskab af billeder, visioner og forestillinger. Heldigvis har vi venstre hjernehalvdel og den strukturelle bevidsthed til at mane fornuft i os. En balancering af hjernens to halvdele, samt et velfungerende jeg, er derfor en forudsætning for at vi kommer helskindet igennem vores mange stadier i bevidst evolution.

	Venstre hjernehalvdel *Videnskab, mekanik, teknik*	**Højre hjernehalvdel** *Myter, visioner, drømme*
Occipitallap	Arkæologi, antropologi Astronomi, geologi Universets begyndelse Vulkanologi Baggrundsstråling Krystalliske former Hierarkiske ideer	Myten om Lemurien Elementet jord Jordens skabelse (myte) Jordens kerne – Gaia Æterplanet Mineralriget Kabbala, 1. rige nedefra
Parietallap	Ældre former for religion Biologi, botanik, oceanologi Klassisk fysik omkring bølger Bøjelige former, lys, rum Filosofi	Myten om Atlantis Elementet vand Astralplanet Planteriget Kabbala, 2. rige nedefra
Temporallap	Psykologi, sociologi Behaviorisme, Gud Relativitetsteori, tid Alt levendes kerneenergi Evolutionsteori, lyd	Astrologi, numerologi Elementet ild Mentalplanet Dyreriget Kabbala, 3. rige nedefra
Frontallap	Kognitive modeller Kvantebiologi, neurologi Kvantekemi og fysik Multidimensionelle former Nye former for bevidsthed	*De nye børn* Elementet luft Buddhiplanet Menneskeriget Kabbala, 4. rige nedefra
Højfrekvent aktivitet	Postkvantebevidsthed Flerdimensional psykologi Flerdimensional videnskab Flydende former Syntesevidenskaber	*Fremtidens børn* Potentialefeltet (PBTR) Kausalplanet Kosmisk menneskehed Hele Træet transformeret

Receptiv bevidsthed

Via den receptive bevidstheds (RB) registrering af energi, definerer hjernen reaktioner til de mange fornemmelser og sansninger kroppen har. Nogle af de mest anvendte reaktioner kalder vi emotioner, og opfatter dem som gode eller dårlige, afhængigt af hjernens dannede strukturer fra den strukturelle bevidsthed. Den strukturelle bevidsthed giver ting og oplevelser værdi. Karakteriserer omgivelsernes energi. Den receptive bevidsthed registrerer og omsætter sensoriske impulser til noget hjernen kan danne informationer ud af. Uden RB ville hjernen være millioner af år om at udvikle det samme beredskab selv.

Strukturel bevidsthed får mennesket til at opfatte virkeligheden som et fragmenteret felt udenfor en selv, hvor receptiv bevidsthed fører til en opfattelse af mennesket som en deltagende og sammenhørende del af energifelterne omkring os. Højere energiforståelse begynder derfor først med den receptive bevidsthed. For at forstå RB må vi tilbage i menneskehedens bevidsthedsevolution og finde det basale sanseredskab mennesket har, nemlig det perifere nervesystem og kroppens sensoriske og motoriske celler.

Det perifere nervesystem (PNS) er en helhed i sig selv, men hænger alligevel sammen centralnervesystemet (CNS). CNS består af hjernen, inklusiv den forlængede marv og rygmarv, synsnerven og lugteknuden. Den forlængede marv indeholder cerebrospinalvæske der ligeledes findes i hjernens fire ventrikler. Væsken dannes dagligt i plexus choroideus og beskytter CNS. Det perifere nervesystem slynger sig som en plante op ad rygmarvens stamme, og sender herfra sine grene eller tråde ud i resten af systemet.

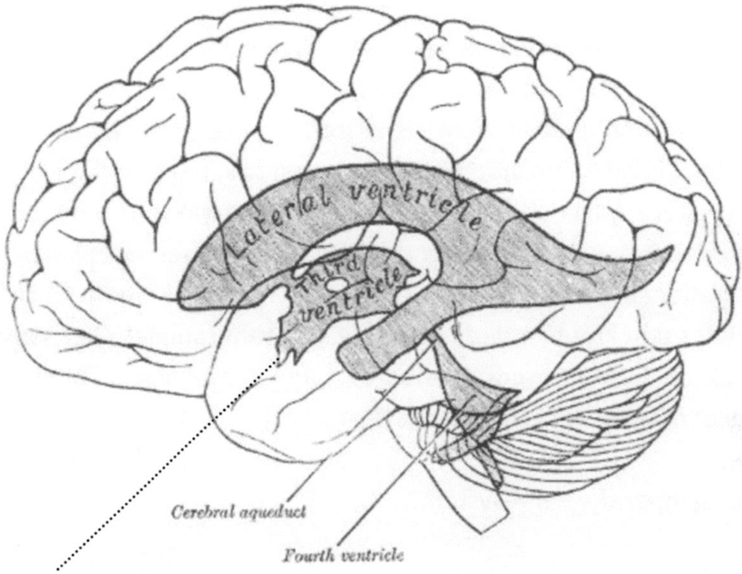

Plexus choroideus

Gray´s Anatomy Wikipedia

Det perifere nervesystem hører som sådan ikke til hjernen og CNS. Det hører til kroppens energisystem, men samarbejder med CNS om formidlingen af informationer fra kroppen til hjernen. Det perifere nervesystem er kroppens overordnede elektrokemiske netværk og dens energetiske intelligens er grundlaget for RB. Det perifere nervesystem underopdeles i det *autonome* nervesystem og det *somatiske* nervesystem. Her skal vi kun se på det autonome, fordi det er den del af vores anatomi, vi mangler at optræne.

Det autonome nervesystem styrer impulserne til de indre organer, dvs. hjerte, blodkar, mave-tarm-kanal og lunger. Det består af det *sympatiske* og det *parasympatiske* nervesystem, og styrer kroppens reaktioner. Det ene kalder til aktivitet og det andet maner til hvile. Desuden indeholder nervesystemet de ind- og udadgående *sensoriske og motoriske nerver*.

De sympatiske nerver aktiveres ved bevægelse. Nervetrådene styrer kroppens instinktive reaktioner. De udgår fra rygmarven og bruger primært noradrenalin som signalstof. Signaler, der styres af dette system, handler om at forberede kroppen til kamp eller flugt.

Systemet øger slagvolumen, forhøjer blodtrykket, udvider pupiller, udvider bronkier, nedsætter peristaltikken, styrer ejakulation samt sekretionen i fordøjelseskirtlerne. Binyrernes sekretion forøges og sendes ud i kroppen til de rette organer som tømmes eller sammentrækkes. Forøget svedsekretion og sammentrækning af blodkarrene udgår også fra det sympatiske system.

Det sympatiske nervesystem:

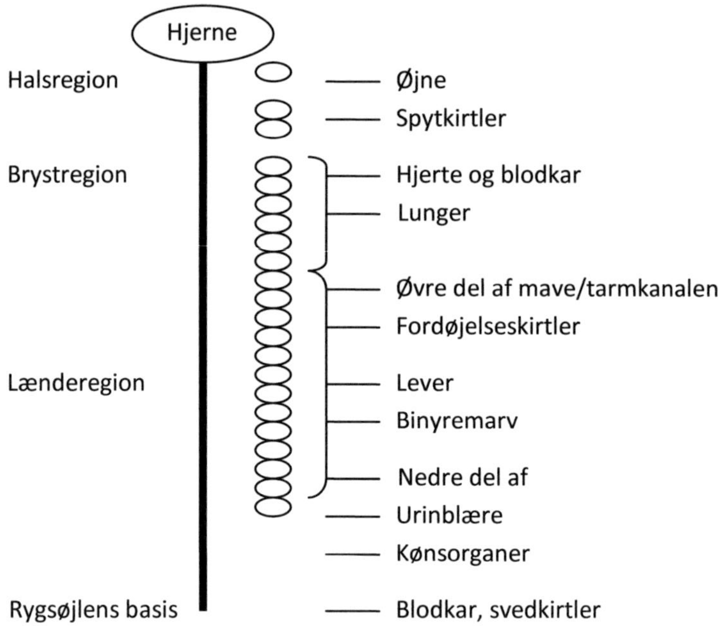

De parasympatiske nerver udgår fra hjernestammen og rygmarvens nederste del. De er forbundet med kroppens hvilesystem og styrer bl.a. fordøjelsesprocesserne. Det primære signalstof er acetylkolin.

Systemet nedsætter hjertefrekvensen, dvs. mindsker slagvolumen, øger peristaltikken, sammentrækker bronkierne og øger sekretionen i fordøjelseskanalen. Det parasympatiske system afslapper desuden lukkemusklen og sørger for erektion samt blodtilstrømning. Det styrer også sammentrækning af pupillerne og produktion af tilstrækkeligt tyndtflydende sekret, hvorfor det er vigtigt at spise i ro og mag da dette skaber den bedste fordøjelse.

Det parasympatiske nervesystem:

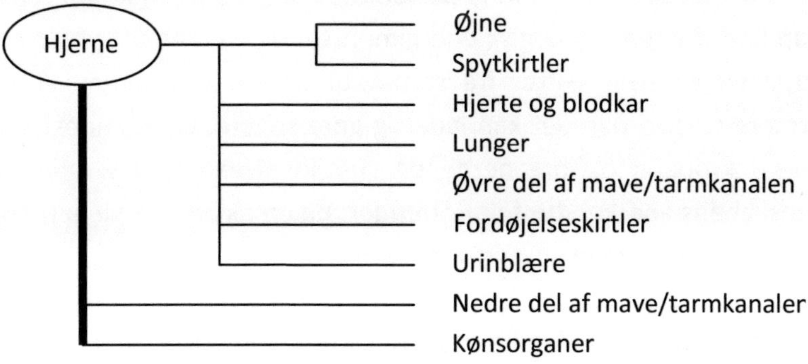

De sensoriske nerver er indadgående nerver som primært modtager og bearbejder sanseimpulser fra alle dele af kroppen. Et eksempel på en sensorisk nerve er *vagusnerven* som har forbindelse til bughulens organer, mave-tarm-systemet, hjerte og lunger. Vagusnerven består af 90 procent nervetråde som transporterer information, til og fra hjernen, til de organer den er tilknyttet.

De motoriske nerver tager del i skabelse og transport af nerve-impulser rettet mod kroppens muskler og kirtler.

De indadgående, dvs. *afferente nerver*, fungerer som sensorer. De registrerer enhver energetisk påvirkning vores krop udsættes for. Alle sansninger passerer gennem PNS, rygmarven og CNS. Signalerne når thalamus som delegerer informationerne videre til det sensoriske område i hjernebarken. Informationerne omsættes til *efferente*, dvs. udadgående impulser fra hjernen, som løber langs CNS og ud i resten af kroppen. Således bliver en sansning til en efterfølgende reaktion i kroppens forskellige organer og lemmer.

Den receptive bevidstheds første lag er den almindelige sansning. De næste lag ligger som input fra hele kroppen, dens organer, væv og celler i en form for intelligent energetisk sansning.

I ethvert organ er der mulighed for at aktivere et felt af intelligent og bevidsthedslignende energi på samme måde som i hjernen. Hvert organ har et latent dynamisk energimønster og det kan aktiveres om energien i cellerne skifter fra statisk til dynamisk struktur. Vi ser nærmere på hvordan det kan lade sig gøre senere. Energimønstrene findes i kroppen og organerne på subtile niveauer, dvs. udenfor videnskabens anerkendte fokusområder, og en aktivering vil åbne op for øget energitilførsel i meridiannetværket.

Det dynamiske aspekt ligger latent bag cellernes standardiserede energistruktur, så længe hjernen fungerer indenfor standardfeltet. Standardfeltet fastlægger membranpotentialets frekvens og dermed hæmmes cellernes adgang til omgivelsernes forskellige energityper. Fungerende celler, udenfor standardfeltet, vil opnå en mere fleksibel energistruktur og dermed være i stand til at vekselvirke med flere forskellige energiniveauer, inklusiv bølgeniveau som er begyndelsen til de dynamiske energispektre. I de statiske celler er der ingen større udveksling med omgivelsernes energifelter og energien løber derfor lavfrekvent gennem nervesystemet. Den intelligente udveksling af energi mellem krop og hjerne når ikke de mulige energetiske højder, menneskets system har belæg for. Kroppens energisystem holdes i bero og hjernen er det eneste organ der direkte udøver dynamisk og intelligent aktivitet.

I meridiannetværket løber energien svagt og bliver let forstyrret. Den svage energistrøm kan ikke udveksle energi på dynamisk niveau og resultatet bliver et meridiannetværk med knuder og ubalancer. Alt i alt er kroppens magnetfelter afskåret fra dynamisk vekselvirkning med de harmoniserende og vitaliserende energifelter mennesket er omgivet af.

Forståelsen af den receptive bevidsthed ligger i den strukturelle bevidstheds potentialer i frontallappen, hvor sansning og intelligens forenes i en art *non-sense*. Vi begynder at anvende den strukturelle bevidsthed på en ny måde i samarbejdet med kroppens sanse- og begrebsapparat. Den fænomenologiske verden udvides til energetisk nonsens. Sådan virker det i al fald på os, indtil vi har lært at afkode den receptive bevidstheds sprog. Den receptive bevidsthed udvider vores forståelse af os selv. Vi indser, herigennem, at alt i kroppen er indstillet på at sanse og sende informationer til hjernen på dybere lag, end vi kan forestille os.

Vi har været inde på at mennesket må op i frekvens, og at den strukturelle bevidsthed er vores første værktøj i disse bestræbelser. Balancering af hjernens to hemisfærer og underområder er tillige en del af dette. Gennem arbejdet med vores psyke, drømme, arketyper, den personlige myte, visioner og billedmateriale integreres de latente energiniveauer i hjernen. Med tiden lærer vi at anvende energierne til at række ud efter tankeformerne i det kollektive bevidsthedsfelt og hente nye og højere frekvenser til udbygning af hjernens frekvens-områder. På den måde løsriver vi os lige så stille og roligt fra standardfrekvensen og den receptive bevidsthed vågner, når vi flytter os fra det statiske standardspektrum og over i energiernes dynamiske bølgeuniverser. Men hvad er disse dynamiske energier?

Vi kan forstå det omgivende energihav på forskellige måder. Med temporallapforståelse, gennem højre hjernehalvdel, søger vi efter nye lag i Guds Sind. Gennem venstre hjernehalvdel opdager vi elektromagnetiske energifelter. Med frontallapforståelse interagerer vi med frekvenser i det kollektive bevidsthedsfelt. Vi kan derfor arbejde med energihavet på tre forskellige måder: Som en del af det jungianske tankeunivers i form af *det kollektive ubevidste* og indenfor fysikkens elektromagnetiske forståelsesramme i form af *energifeltet* omkring Jorden eller Schumann resonansen. Fysikken vælger at udvikle tankeformer, hvor de forstår SR som et omgivende fysisk energifelt. Jungiansk psykologi ser det kollektive ubevidste som en del af psyken, hvorimod bevidst evolution forbinder både psyke og fysik i en idé kaldet *det kollektive bevidsthedsfelt*. Vi vil derfor anvende begrebet det kollektive bevidsthedsfelt fremover, da det henleder tanken på et bevidst, psykologisk og energetisk medie.

Analogierne er i princippet de samme. Forskellen ligger i de dele af hjernen vi anvender, når vi bruger nye begreber. Nyt hjerneområde kræver nyt tankesæt, fordi gamle tankeformer aktiverer kendte lag i hjernen, både individuelt og kollektivt. En udvikling af hjernen via teorier, skabt af fortidens store tænkere, er en udvikling indenfor de eksisterende områder i menneskets bevidsthedsevolution. Tænker vi derimod nyt, aktiverer vi nye bevidsthedsområder i det kollektive bevidsthedsfelt.

Enhver tænker er afhængig af det kollektive bevidsthedsfelt i den del af feltet, han eller hun arbejder gennem. Uanset om han eller hun arbejder indenfor den eksisterende tænkning eller søger at nå nye højder, er tænkeren afhængig af det kollektive bevidsthedsfelt og dets totalfrekvens. Revolutionerende nytænkning er kun mulig om totalfrekvensen i det kollektive bevidsthedsfelt har nået et niveau, hvor tænkeren kan række ud efter nye energier *udenfor* standardfeltet. Paradigmeskift markerer en forandring i totalfrekvensen. Skift i totalfrekvensen fører til skift i hjernens frekvenser og dermed til nye opfattelsesmetoder i mennesket.

Når vi anvender ord og udtryk, trækkes vi hen til forskellige energimønstre i det kollektive bevidsthedsfelt. Lyd, vibration eller hjernebølger skaber let kontakt til feltets energimønstre og tankeformer. *Receptive og dynamiske energier* skaber energimønstre, hvor den strukturelle bevidsthed er ophav til tankeformer i det kollektive bevidsthedsfelt. Skal hjernen have nye frekvenser, nye modeller og nye tanker at tænke, skal den anvende nye ord for at kunne udtrække ny energi fra feltet. Alle tankeformer har deres eget begrebsapparat som hører sammen med storhjernens underområder og markerer forskellige stadier i menneskets bevidsthedsevolution.

Tankeformernes begrebsapparat er koblet til forskellige lag i det kollektive bevidsthedsfelt. Forbindelsen mellem hjernens magnetfelt og det kollektive bevidsthedsfelt sker via skabelse og anvendelse af tankeformer. Kan vi forstå tankeformen eller energimønstret bag ethvert energetisk udtryk, kan vi i princippet kontakte det gennem vores forskellige former for bevidsthed. Korrekt kommunikation mellem energetiske systemer afhænger af korrekt forståelse af den intelligente energi bag. Ethvert energimønster er et udtryk for dets intelligible natur og selvidentifikationsmekanismer.

Systemets intelligente energimønster samt dynamiske aspekt er det, vi opfatter med den receptive bevidsthed.

Som nævnt, er Schumann resonansen (SR) et elektromagnetisk felt beliggende mellem Jordens overflade og ionosfæren. SR udgør et passende dynamisk medie, hvor tankeformer og energimønstre kan udvikle sig på varierende niveauer. Det er muligt at bearbejde SR's energier, fordi de ligger i samme frekvensspektrum som menneskets hjernebølger. Hjernens frekvenser ligger indenfor SR's energier, fordi de er styret heraf, hvilket er tesen bag standardfeltet.

Alle energier, indenfor samme frekvensområde som vores eget energifelt, kan vi kontakte og kode. Det samme gælder den anden vej rundt. Om vi ikke er i kontrol over vores eget energisystem og dets bevidsthedsevolution, er det vores energisystem der påvirkes af de omkringliggende energifelter. Ethvert energifelt med en højere grad af intelligens og en eller anden form for selvidentifikationsmekanisme vil automatisk styre mindre udviklede energisystemer. Det større system interagerer med energien i det mindre system indtil det er i resonans eller kan udlignes.

Når vi udvikler den strukturelle bevidsthed, er vi i energetisk dialog med det kollektive bevidsthedsfelt. Forbindelsen sker via tankeformer og idéer. SR's frekvenser interagerer med normalbevidstheden hos de mange mennesker, Jorden huser. Dog kan SR komme op på langt højere Hz, hvorfor det kollektive bevidsthedsfelt rummer muligheder for frekvenser langt ud over dem, vi anvender i dag.

Fortidens Gud og menneskehedens kollektive bevidsthedsfelt er ét og samme. Det er nærliggende at nytolke den kendte sætning fra det gamle testamente hvor Moses spørger, hvem det er han taler med, og YHWH svarer: *"Jeg er den, jeg er"* (Exodus, kapitel 3). En ny oversættelse kunne være: *"Jeg bliver den, jeg bliver"*. Oversættelsen er vigtig, fordi første sætning henleder tanken på et statisk princip eller væsen, hvor den anden henleder tanken på et dynamisk princip.

Ifølge vores tankegang er det underforstået at menneskeheden og vores opfattelse af Gud forandrer sig med udviklingen af hjernen, men det kollektive bevidsthedsfelt udvikler sig også i takt med at vi anvender nye energier herfra til nye tankeformer og dermed nye virkelighedsopfattelser. Nye paradigmer medfører nye handlemåder og disse skaber nye baner i hjernen. Hjernens aktivitet er grundlaget for enhver menneskelig væren og gøren. Menneskehedens energisystemer, det kollektive bevidsthedsfelt og Jordens magnetfelt udgør et samlet *biologisk autopoiesisk* system. Ikke helt som Humberto R. Maturana havde udtænkt det, men dog indenfor nogle af de samme principper. Menneskeheden og Jorden er dele af samme energetiske interaktive helhed. Vi er medskabere af det kollektive bevidsthedsfelt, som påvirker vores virkelighedsopfattelse, der igen virker tilbage på Jordens magnetfelt.

Den udviklede bevidsthed forstår at menneskeheden er forbundet gennem det kollektive bevidsthedsfelt. Vi er alle dele af det samme medie, det kollektive bevidsthedsfelt, og udvikler os igennem dets standardfrekvenser. I standardspektret opfattes Gud som en statisk energiform, fordi bevidstheden er statisk. Når mennesket løsriver sig fra standardfeltet, opfattes Gud som en dynamisk energiform, fordi bevidstheden bliver dynamisk. Således kan vi se at Gud og mennesket i sandhed er ét og at det guddommelige faktisk findes i mennesket. Ikke i form at noget metafysisk eller transcendent, men i form af noget *immanent* og *transcendent*, dvs. det kollektive bevidsthedsfelt både i sit strukturelt-statiske og receptivt-dynamiske aspekt, og dets interaktion med vores energisystem.

Den kendte sætning fra Markusevangeliet (kapitel 12, vers 31-32): *"Elsk din næste som dig selv,"* får en dybere mening. Tankeformerne, individet planter i det kollektive bevidsthedsfelt, tiltrækker lignende energier og returnerer sammen med disse til magnetfeltet omkring hjernen. Med energistrømmenes cirkulation, fra de ydre strømme til de indre, integreres energierne i hjernen. De eksisterende baner forstærkes positivt såvel som negativt. Tankeformerne integreres og energien herfra bliver en del af hjernens netværk, hvor de påvirker vores selvidentifikationsmekanismer, vores virkelighedsforståelse og til slut vores adfærd. Energien vi sender ud returnerer, i dette liv, i forstærket form. Udsendt energi og tankeformer vil på et eller andet tidspunkt, i identisk tid og det krumme rum, returnere til afsenderen sammen med alt de har samlet op undervejs.

"Hvad et menneske sår, skal det også høste" som Paulus skriver i brevet til Galaterne (kapitel 6, vers 7-8). Vi finder den samme ordlyd i Jobs Bog: *"De, der pløjer med ondskab og sår ulykke, høster det selv* (kapitel 4, vers 8-9). Det er væsentligt at holde sig for øje, i denne sammenhæng, at der ikke er tale om reinkarnation i hinduistisk forstand. Hverken jøderne (Jobs Bog) eller de tidlige kristne (Paulus) havde reinkarnation, som vi kender det fra hinduteksterne, med i deres begrebsunivers.

Vi og det kollektive bevidsthedsfelt er ét. Kun om tilstrækkelig mange lag er aktiveret i det elektromagnetiske hav, Jorden består af, kan hjernefrekvenserne og resten af CNS finde nye lag at udforske og trække energi ind fra. Og vice versa. Menneskehedens evolution er betinget af det kollektive bevidsthedsfelt og dets totalfrekvens.

I bestræbelserne på at aktivere den receptive bevidsthed skal vi anvende denne viden, men vi skal også videre end det. *Den receptive bevidsthed aktiveres nemlig ikke gennem hjernens magnetfelt alene*. Den aktiveres gennem PNS, kroppens væv og celler samt det samlede energifelt, når frekvensen *bliver høj nok* i hjernens magnetfelt. Idet centralnervesystemets energier flyttes ud af standardfrekvensen, både i hjerne og rygmarv, forandres impulserne i hele kroppens energisystem og hastigheden i meridiannetværkets kredsløb sættes i vejret. Kroppens magnetfelt aktiveres gennem den forøgede energi-cirkulation i meridiannetværket.

I *ELF and VLF Electromagnetic Field Effects* redigeret af Michael A. Persinger, Plenum Press 1974 godtgøres at ekstremt lav frekvente (ELF) og meget lav frekvente (VLF) bølger påvirker Jordens magnetfelt, Schumann resonansen, dyr og menneskers celler. Bogen arbejder med en gennemsnitlig frekvens for Jordens magnetfelt på ca. 10 Hz. Denne frekvens kan være identisk med vores standardfrekvens som styrer celler og evolution på Jorden. Det bør bemærkes at Michael A. Persingers bog først dukkede op i slutningen af arbejdet med Bevidst Evolution. Det er interessant hvordan en intuitiv indsigt kan lede til videnskabelige tekster, om blot den er gennemarbejdet i tilstrækkelig grad. Når tankeformen er klar nok, tiltrækkes lignende tankeformer og de fysiske modstykker på Jorden, bøger eller artikler, finder vej til tænkeren.

I introduktionen til *ELF and VLF* spekulerer Persinger på om de menneskeskabte elektroniske apparater vil påvirke Jordens stående bølger, dvs. dens magnetfelt, i fremtiden. Her 36 år senere kan vi sige at det er givet. I vores århundrede tales der om en ny form for allergi, kaldet el-allergi. Symptomerne er overfølsomhedsreaktioner, hypersensitivitet, svimmelhed og lignende. Mobiltelefoni, satellit, internet, GPS, trådløse netværk, osv. påvirker Jordens magnetfelt, dets klima og menneskets energisystem.

ELF and VLF beskriver ligeledes at fuld aktivitet, i det sympatiske og parasympatiske system, sker når nervefibrene affyrer mellem 10-15 Hz. Dette kan ikke være en tilfældighed.

Jordens standardfrekvens ligger på ca. 10 Hz, PNS ligger i området af 10-15 Hz og normalbevidstheden (CNS) på mellem 8-33 Hz, fordi hjernens celler kan generere højere frekvenser i det de ikke er fastlåst af en statisk cellemembran. I arbejdet med højere frekvensspektre brydes rammerne og cellerne i kroppen forandres. Kroppens magnetfelt vågner op af sin statiske dvale og går fra at have været en stående bølge, så at sige, til at blive et dynamisk medie. Fra primært at have genereret energi gennem kosten, i form af ioniserede og elektrokemiske komponenter, bliver kroppens magnetfelt nu i stand til at udveksle energi med Jordens energisystem på lignende måde som hjernens magnetfelt.

Kroppens magnetfelt består af flere mindre energifelter samlet i et overordnet. De mindre energifelter udgøres af PNS, muskelvæv og organer. På mikroskopisk niveau opstår disse af cellernes energifelter. Cellernes elektrokemiske sammensætning, og deres forskelligartede intelligible strukturer, medfører variationer i frekvens og udstråling. F.eks. er der tre slags muskelvæv i kroppen. *Det glatte muskelvæv*, findes primært i organer som spiserør, livmoder og blære. Muskelvævet tilknyttet skelettet, *det tværstribede muskelvæv,* består af en større samling fibre der tilsammen danner muskelcellerne i kroppens forskellige muskelstrukturer.

Hjertets muskelceller er anderledes opbygget. Kroppens muskelceller udbreder impulser i, skal vi sige, lineær eller kausal sekvens mens hjertecellen, uanset hvor den er placeret, spreder elektrisk aktivitet i alle omkringliggende celler i området. Derudover varer hjertecellens impulser længere end muskelcellernes. Vi ser nærmere på hjertet i kapitlet om *Dynamisk bevidsthed.*

Kroppens energisystem har flere energilag. Både de målbare og de subtile energier er det som danner energisystemets lag. Alle væv og celler har sit eget energimønster og skal nå en vis harmonisk balance før energierne kan flyde frit i de forskellige lag. Kun gennem en harmoniseret celle kan vi få adgang til de finere energier bag cellens og vævets elektrokemiske standardstruktur.

Dele af den viden vi har brug for, for at kunne udbygge kroppens magnetfelt, ligger gemt i den oprindelige forståelse af de 5 elementer.

RB omdanner de forskellige energityper i kroppens væv, celler og PNS til en helhed via harmonisering af de fem elementer i kroppen. Desuden sammensmeltes CNS og hjernens magnetfelt med kroppens magnetfelt, når de fem elementer i de tilhørende områder i hjernen er fuldt aktiveret og harmoniseret. Hvert lag, som harmoniseres i et organ, starter en bølge af dynamisk energiudveksling i hele kroppens energisystem. Gennem konstruktiv interferens rammer den samlede bølge til slut hjernens energier, hvor svingningen aktiverer lignende niveauer i hjernens underområder. Vi taler om en slags ringe i vandet eller oscillerende bevægelser i energisystemet. Først bearbejdes de primære baner indtil energimønstrene samarbejder med kroppens energisystem på de nye frekvensniveauer. Herefter følger de andre baner med mindre de allerede er integreret i de primære baner. De dybere lag i hjernens underområder bearbejdes på lignende vis.

Hvert element har, startende i det målbare frekvensområde, sin egen skala med forskellige grader af intensitet som rækker langt ind i de subtile frekvensområder.

Elementerne og visse underområder i hjernen hører sammen:

- Elementet *jord* hører til lillehjernen (ca. 4-8 Hz)
- Elementet *vand* hører til det limbiske system (8-13 Hz)
- Elementet *ild* er forbundet med processerne i midthjernen og visse dele af frontallappen (ca. 13-33 Hz)
- Elementet *luft* hører til resten af frontallappen og muligvis nye dele af hjernen (ca. 33-69 Hz)

Når vi arbejder med elementerne, arbejder vi direkte med energi indenfor frekvenserne i ELF feltet i mennesket, men også i Jordens magnetfelt.

Hvor det kollektive bevidsthedsfelt udbyggede hjernens netværk, forandrer elementerne kroppens celler og harmoniserer dem gennem en slags kalibrering, hvorved energimønstrene i dem forandres. De kalibrerede energimønstre aktiverer kroppens energisystem på nye måder og impulser, med nye frekvenser, sendes videre ud i magnetfeltet. Energimønstrene i hele kroppen harmoniseres en efter en og udbygger magnetfelterne i alle undersystemer indtil de forenes i et enhedsfelt, det femte element. *Det femte element* er det organismen, dvs. CNS, hjerne og krop, arbejder på at opnå i en eller anden form.

Elementerne er det samme som de dynamiske energier.

Dynamiske energier er, først og fremmest, forståelsen af energi som interfererende og vekselvirkende bølger i modsætning til statiske. På de finere niveauer er de dynamiske energier udstråling fra energisystemernes processer i mennesket og andre livsformer, inkl. Jorden selv.

Vi er på jagt efter de dynamiske energispektre, både i den primære form, men også i de finere udgaver som rækker langt ind i de subtile frekvensspektre, fordi vi udvikler højere bevidsthedstilstande i vekselvirkningen med dem. Hvor det kollektive bevidsthedsfelt, og *indirekte* SR, vekselvirker med hjernens magnetfelt via tankeformer interagerer de dynamiske energier i Jordens magnetfelt *direkte* med magnetfeltet omkring kroppen og dens energimønstre.

Den direkte integrationsmulighed er den, vi skal anvende, om vi ønsker at forene kroppens og CNS magnetfelter i enhedsfeltet. Det store felt, hvor kroppen og CNS fungerer som et helt energisystem, løfter hjernens bølgelængder til de eftertragtede 33-69 Hz (og måske mere) og bevidsthedsformerne som findes her.

Gennem *bevidst fokus* og *åndedrættet* kommer vi i kontakt med de finere dynamiske energier. De primære dynamiske energispektre finder vi bl.a. i fotoner og andre masseløse bølgefunktioner. Deres finere udgave finder vi i udstrålende energier fra alle livsformer. Ikke bare udstrålingen fra *kinetiske processer,* men de subtile udstrålinger mennesker genererer gennem deres tanker, følelser og andre former for elektromagnetisk og elektrokemisk aktivitet der ender i magnetfelterne. Noget videnskaben mangler at opdage. Derfor rækker de dynamiske energiers skalaer ud over energi i traditionel forstand. En forsøgsvis indplacering af de dynamiske frekvensområder, udover deres bølgeaspekt, ville være som et forstadie til *kvantefeltet* i det vi husker at kvantefeltet i sig selv kun kan defineres teoretisk. På trods af kvantemekanikkens teoretiske størrelse udvikles der computere, superfølsomme atomare magnetometre og andre højteknologiske vidundere. Vi kan udlede heraf at teorier, på trods af at indholdet ikke kan opfanges med det blotte øje, kan føre til kreationer i den fysiske verden. Det hjernen udtænker, vil på et eller andet tidspunkt tage form i det kollektive bevidsthedsfelt og i vores virkelighed.

Hvor den strukturelle bevidsthed udvikles gennem tankeformer, gestalter og idéer, udvikles den receptive bevidsthed gennem bevidst kontakt til energifelterne omkring os via de dynamiske energispektre. Når vi skal arbejde med de dynamiske energispektre, får vi brug for SB's evne til at skelne energimønstre og frekvenser fra hinanden. Vi skal lære at anvende vores bevidste fokus i form af skelneevnen.

Skelneevnen opstår når den strukturelle bevidsthed samarbejder med den receptive, dvs. hvor hjernen afkoder og omsætter kroppens energetiske sansninger til bevidste informationsrækker. Samarbejdet giver sig til udtryk i fire former for informations- og energiforståelse, nemlig intuition, empati, associationsrækker og sansning.

Intuition aktiveres når receptiv og strukturel bevidsthed fungerer sammen gennem frontallappen. Via intuitionen opstår der direkte visuel forståelse af energimønstrene og det bevidste arbejde med de dynamiske energispektre kan begynde.

Empati er et højt udviklet emotionelt beredskab og er det højeste midthjernen opnår i samarbejdet med den receptive bevidsthed. Den empatiske person kan genkende andre menneskers følelser, forstå dem og om evnen er meget udtalt, også mærke dem i sin egen krop.

Associationsrækker er hjernens almindelige genkendelsesredskab, indenfor standardfrekvensens skala, hvor et udefrakommende input sanses og direkte aktiverer materiale lagret i hukommelsen.

Sansning er vores basale latente receptive redskab, når vi fungerer indenfor standardfeltet og i barnets tidlige udviklingsstadier. Sanseorganerne anvendes til at skelne elektromagnetiske påvirkninger fra hinanden såsom *lys* (via øjet), *lyd* (via øret), *udstråling* som varme fra fysiske organismer (via huden), *lugte* (via næsen) og *smag* der er en elektrokemisk reaktion på det vi tager i munden (via tungen).

Når vi arbejder med den aktiverede receptive bevidsthed og de dynamiske energispektre er sansningen det redskab vi først tager i anvendelse. Men på nye niveauer. RB og kalibreringen af energimønstrene i kroppen aktiverer organernes energisystemer til at blive interaktive med deres omgivelser. De vågner op og registrerer energi som sanseorganerne og hjernen gør det.

I starten anvender hjernen den almindelige sanseforståelse til at forstå informationerne fra organernes magnetfelter, fordi hjernen er vant til at registrere de energetiske påvirkninger på denne måde, men vi skal lære bevidst at anvende de andre registreringsformer, intuition og empati. Kun på den måde navigerer vi bedre mellem de mange input fra energihavet.

De dynamiske energier og vores skelneevne supplerer og uddyber hinanden. På et niveau registrerer vi energien som indre lyd og på et andet som lugte. Vi taler ikke om sædvanlige lugte, men om en højere udgave af lugte som skelneevnen registrerer. Energien bag lugten kontaktes, via den empatiske sans, som en følelse. Man *føler* lugten. Man lugter med næsen, men føler den højere udgave af lugten *i hele ens system*. Det samme gælder for smag, lyd, lys og taktile berøringer. Anvender man intuition i stedet, ser man lugtens energimønster. Informationerne kommer uden om den sædvanlige elektrokemiske informationsvej i kroppens nervesystem. Vælger man at arbejde med associationsrækker vil billeder og hændelser, hjernen forbinder med lugten, dukke op når man sanser den.

Et andet eksempel på højere sansning, hvor kroppens og hjernens magnetfelter samarbejder, om end ubevidst for de fleste, sker når en person taler og vi lytter. Han eller hun siger egentlig noget fornuftigt og alligevel registrerer mavens energifelt det som noget ubehageligt. Man får ubehag i maveregionen. Hvorfor nu det? Det er meget hurtigt forstået med den receptive bevidsthed: Talen er *moduleret* gennem personens tankeform. Han eller hun har skabt en passende tankeform som er i overensstemmelse med korrekt kommunikation og mellemmenneskelig opførsel, men på dybere lag af hans eller hendes psyke ligger der f.eks. irritation, uerkendt vrede eller andre negative energimønstre som udstråles fra kroppen. Ordene som sendes ud er tip top, men via udstrålingen som mavens energifelt sanser kommer den sande energi til udtryk. Den typiske reaktion på denne dobbelte sansning er forvirring og tvivlen på om det man nu mærker er rigtigt. Der er støj på linjen, så at sige. Mave-tarm-systemets følsomhed overfor omgivelsernes energier følger af den direkte linje fra solar plexus trådene til hjernen gennem vagusnervens udløbere samt de *primitive hjerneceller* som findes i mave-tarm-kanalen.

Den receptive bevidstheds sansning er en svær teknik at mestre og man skal have styr på sine egne projektioner. I eksemplet ovenfor kan den samme mavefornemmelse lige så vel betyde at det personen sender ud, bearbejder visse rigide mønstre i ens egne energifelter. I starten vil organernes energifelter nemlig være styret af mønstre fra ens tidlige barndom, hvor man stadig sansede med hele kroppen.

Indtil ca. 4-6 års alderen integrerer barnet energi fra omgivelserne og andre mennesker. Barnet anvender RB, men kan ikke omsætte energimønstrene til fornuftige informationer, da barnets strukturelle bevidsthed er i sin vorden. Energierne lagrer sig og danner basis for ubevidst materiale i kroppens og hjernens magnetfelter. De lagrede energier dukker op i de sekundære baners integrationsprocesser som drømme, arketyper eller andre gestalter. De indeholder energierne fra barndommen, men iførrer sig ofte et mere voksent udtryk, da arketypen udfolder sig via den voksnes tankeformer. Hjernen finder passende billedmateriale til energien og danner en gestalt ud af den. Da barnets følelser kan være upolerede i det, eller den introjicerede energi kan have været voldsom, udfolder energien sig i formørkede arketyper eller skygger. Gestalterne kan selvfølgelig også vise sig som frelsende engle osv. Barnet kan, i forhold til dynamikken i familien, have lagt højere menneskelige følelser væk, fordi de ikke passede ind i familiens grundlæggende energiniveauer.

De energier som ikke blev integreret i hjernens første udviklingsprocesser dukker atter op når kroppens magnetfelt aktiveres, men nu som fornemmelser og sansninger. Hvor hjernens sekundære baner bearbejder energierne via billedmateriale, erindringer og arketyper vil kroppen som regel anvende følelser såsom frygt, glæde, sorg eller fornemmelser som gåsehud, kulde, varme, prikken og andre former for fysiske reaktioner.

Der kan også ligge *kollektivt betingede* komponenter i kroppens magnetfelt til bearbejdelse. Planetariske og kollektive rester er en del af ens basale energisammensætning. Det ser vi på i næste kapitel.

Man skal kunne skelne mellem konstruktiv (opbyggende) energi og destruktiv (nedbrydende) energi, både fra en selv og fra andre. Den opbyggende energi kan synes destruktiv i begyndelsen, og give uro i kroppens organer, indtil energimønstrene er balanceret og tilpasset de dynamiske energifrekvenser. Det bliver bedre med tiden. Højere skelneevne, dvs. empati og intuition samt ren energisansning, følger med træningen af RB og bevidst anvendelse af kroppens energisystem. For den øvede skelnes hurtigt mellem lagene i omgivelsernes og andre menneskers energistrukturer. De skadelige og gavnlige lag i strukturen fremtræder tydeligt og det er fornuftigt kun at udveksle energi med de opbyggende lag i andre energisystemer. Vi bør hjælpe med at styrke de positive energimønstre i andre ved at være, i os selv, opbyggende energi og udstråle denne, men bør ikke give os i kast med direkte at transformere de forvrængede lag hos andre. Det skal vi kun gøre i os selv. Desuden vil det mere udviklede energisystem altid sætte tonen for energien i det mindre udviklede energisystem. Vi kan derfor forstærke det *gode og sande* der allerede er til stede i andre, og os selv, og håbe på at det vil hjælpe personen, og os selv, til at påbegynde en renselse af skadelige lag.

Mange mennesker har skadelige energimønstre lagret fra diverse integrationsprocesser og gennem anvendelse af negative energityper. Dynamiske energispektre, fra deres nedbrydende til de opbyggende niveauer, aktiverer kroppens magnetfelt. Jo bedre vi er til at skelne, desto mere korrekt energi kan vi gå i resonans med. Korrekt energi skal her forstås som korrekt for den enkelte. Hvert energisystem har sin egen optimale energi, den skal gå i resonans med, for at opnå fuld harmonisering og udvikling.

Åndedrættet det næste vigtige værktøj i den receptive bevidstheds vækst og udvikling af kroppens magnetfelt. Gennem bevidst kontakt til energien, som ønskes integreret med det formål at harmonisere et givent organ, anvendes en kombination af fokuseret opmærksomhed på det aktuelle organ og meditativ vejrtrækning. Vi anvender den strukturelle bevidstheds evne til at omdanne energi til information og kombinerer det med organets receptive bevidsthed. Energimønstre, der ønsker at gå i ligeværdig dialog med os, stammer som regel fra et andet energisystem i naturen såsom frø, afgrøder, planter, blomster, træer, lyset, vandene og vindene. I harmoniseringsprocessen er det primært naturens energisystemer, vi skal anvende, da den indeholder de reneste energiniveauer.

Vi trækker derefter vejret gennem organet, hvor vi forestiller os at lunger og det aktuelle organ trækker vejret sammen. At trække vejret er måden kroppen er vant til at integrere energi på, udover at spise. Vejrtrækning understøtter kroppens forståelse af at *tage noget ind, integrere det* og *lade det vi ikke kan bruge forsvinde ud igen*. Vi fokuserer vores bevidsthed på f.eks. træet og registrerer det som sker i os, de fornemmelser organet sender ud og de informationer, vores hjerne trækker frem. Billederne og informationerne skal vi bearbejde på samme måder som vi bearbejder drømme, visioner og arketyper. Vi afkoder deres indhold, hvad informationerne dækker over og via bevidstgørelsesprocessen integreres energierne bag informationerne i vores hjernens netværk. Men der sker mere end det. For det første udvikler den bevidste anvendelse af organet dets dynamiske struktur. For det andet træner fokuseret bevidsthed og koordineret åndedræt SB's og RB's samarbejde. Vores registrering af omgivelsernes energier træner bevidsthedssystemerne til at forstå, hvad energierne gør og om de gavner os.

At arbejde med kroppens magnetfelt og meridiannetværk (bevidst evolution) eller *vindene* (kinesisk sygdomslære) er det samme som at arbejde med den *praniske* krop (yogafilosofi). Det er tre vinkler på samme idé eller udtryk for tre forskellige tankeformer. Alle kroppens organer yder deres energetiske bidrag. Traditionel *kinesisk medicin, meridianlære* og *Zang-Fu psykologi* er derfor også anvendelige i vores arbejde med kroppens magnetfelt. Vi kan tune kroppens magnetfelt gennem akupressur og akupunktur, og udvikle organernes energifelter igennem den kinesiske tankeform. På den måde finder flere systemer og ideologier nytte i vores arbejde.

Yoga er et andet redskab, vi har til at udvikle krop-hjerne dialogen. Der er dog et lille men. Det er ikke hensigtsmæssigt tankeløst at anvende teknikker og kropspositioner (*asanas*) fra *raja* eller *astanga yoga*, da læren kan være baseret på tankeformer i det kollektive bevidsthedsfelt fra andre tider og dermed ældre dele af hjernen. Vi skal vurdere om tankeformerne giver os mulighed for at hente energi ind fra højere lag og om de fokuserer på frontallappens udvikling. Vi skal vælge vores bøger og instruktører med omhu, og selv vurdere hvilke dele af læren der matcher vores energisystem. F.eks. fokuserer *hatha yoga* sig på koordinering af krop-hjernen broen i midthjernen. Det er alligevel en god idé at dyrke yoga, forstå *pranayama* filosofien, og videreudvikle tankeformen til vores energistruktur.

Teknikkerne består, men tankeformerne bag skal tilpasses vores nuværende energisammensætning. Der er ingen grund til at adoptere andres filosofier og holde op med at forstå virkelighedens natur af os selv. Vi mestrer alle evnen til energiforståelse gennem skelneevnen. Med den forøgede energicirkulation i CNS magnetfelt og samarbejdet med kroppens bevidsthed, forøges vores talent for at se energi.

Det skal pointeres at al videreudvikling af et system, en lære eller en tankeform, starter med at studere den i sin oprindelige form. Der er ingen smutveje når vi taler om integration af tankeformer. Vi skal have opnået den fulde forståelse af tankeformen, før vi kan integrere energien i den. Eleven må sidde ved mesterens fod, indtil han eller hun selv mestrer samme vidensniveau og kan se de samme indsigter. Ikke gennem det læste eller overleverede, men gennem kontakt til de oprindelige tankeformer og til de bagvedliggende energimønstre.

I yogafilosofien kaldes den, som arbejder med energi, for en yogi.

Yogien arbejder med at aktivere kroppens skjulte energireserver. Han eller hun søger at afdække ukendte lag i kroppens energisystem gennem de forskellige energimæssige lag, yogien antager findes der.

Et undersystem af yogafilosofien er kundalinilæren. I kundalinilæren arbejder yogien med porte mellem energilagene. En sådan tragt med tilhørende energihvirvler kaldes for et chakra. Udøveren af kundaliniyoga benytter sig af at energi kunne danne mønstre og at han eller hun, gennem sindets kræfter (*siddhis*), kan dirigere energien rundt i sit energisystem. Yogien skaber med andre ord sit eget energisystems udseende, gennem visualisering og meditationsteknikker, med det formål at integrere energi fra det omgivende energihav. Det er vigtigt at forstå forskellen på kundalinilæren og chakralæren som findes nu. I dag bliver vi belært om at alle har et chakrasystem. I det oprindelige system skabte yogien det selv, som et redskab, indtil han eller hun mestrede det indre syn og kunne se energimønstrene selv.

Chakralæren er kun *en* metode til at arbejde med det kollektive bevidsthedsfelt, energi og tankeformer på. Der findes mange andre systemer og skoler.

Kundalinilærens energisystem består af to basale drivkræfter. En modtagende kraft og en aktiv kraft, der kaldes for Ida og Pingala. De løber begge langs rygraden. Chakraerne er forbindelsesleddet mellem energikanalerne og resten af kroppen, hvor f.eks. symboler kan markere bestemte frekvenser. Øvelsen består i at føre de to energikanaler sammen med rygmarvens energikanal, Sushumna, og lede energierne fra kroppen til hjernen og aktiverer vigtige punkter her.

Chakraerne placeres ofte ved nervesystemets større plexi, såsom pharyngeal, hjerte, solar, hypogastrisk og sakral plexus. Det er et logisk sted at placere dem, da der i forvejen er forøget energiaktivet i disse områder.

Billedet på næste side er fra *Gray's Anatomi 1918* og viser PNS samt de mange plexi, hvor nervetråde mødes og samles.

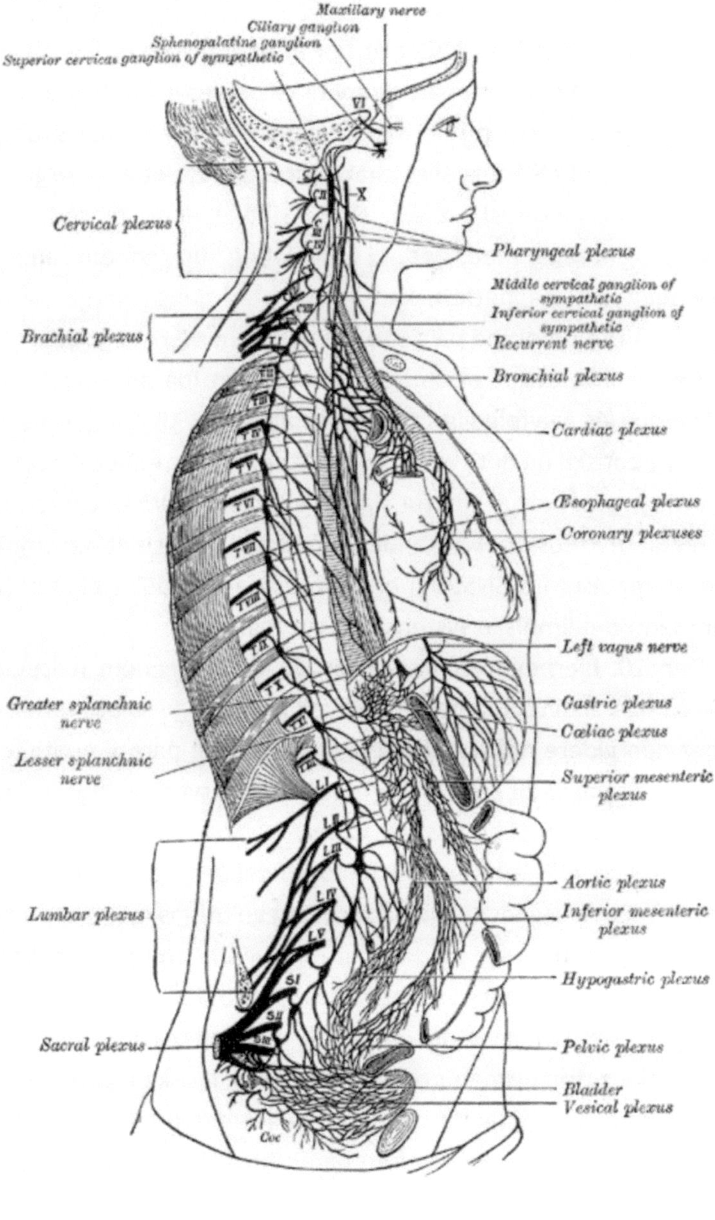
Maxillary nerve
Ciliary ganglion
Sphenopalatine ganglion
Superior cervical ganglion of sympathetic
Cervical plexus
Pharyngeal plexus
Middle cervical ganglion of sympathetic
Inferior cervical ganglion of sympathetic
Brachial plexus
Recurrent nerve
Bronchial plexus
Cardiac plexus
Œsophageal plexus
Coronary plexuses
Left vagus nerve
Greater splanchnic nerve
Gastric plexus
Cœliac plexus
Lesser splanchnic nerve
Superior mesenteric plexus
Lumbar plexus
Aortic plexus
Inferior mesenteric plexus
Hypogastric plexus
Sacral plexus
Pelvic plexus
Bladder
Vesical plexus

De mange nervetråde skaber et felt af energi som er lige til at kode, fordi det sympatiske og parasympatiske nervesystem består af energi på 10-15 Hz. Energien i de mange nervebundter skaber grobund for en idé om energicentre eller chakra, mere end det er energicentrene som skaber de fysiske plexi. De 7 vigtige energiområder, vi skal udvikle og arbejde med, sidder i hovedet og kun gennem samarbejdet med hjernens magnetfelt, kan kroppen og dens energier anvendes korrekt. Vi kommer ind på dette i kapitlet om *Merak og Aida.*

Det er ikke svært at se ligheden mellem Ida og Pingala og PNS. Sushumna er selvfølgelig CNS og forbindelsen til energierne fra det parasympatiske og det sympatiske system skaber enhedsfeltet.

Pharyngeal plexus knytter sig til *det vasomotoriske center*. Udover at regulere kredsløbet og åndedrættet modtager det vasomotoriske center impulser fra CNS. Der er en direkte forbindelse til storhjernens bark samt det limbiske system via hypothalamus.

Den 10. hjernenerve, *nervus vagus,* løber gennem halsen, brystkassen og har sine udløbere både ved *hjertet* og i *solar plexus*. Herfra løber den videre ned i bughulen. Dens mange parasympatiske tråde gør nervus vagus til en af de overordnede nerver der styrer det parasympatiske system i de fleste organer.

Lad os se lidt nærmere på den oprindelige yogafilosofi, da den på mange måder lægger sig op ad bevidst evolutions måde at se tingene på. Filosofien arbejder med at det omgivende energihav fungerer på seks forskellige planer samt et fælles niveau, i alt syv planer (*shakti*). Shakti er sandsynligvis det vi kalder det kollektive bevidsthedsfelt. Menneskets organisme er opdelt i det faste fysiske legeme, hvori der er indvævet et energetisk legeme, kaldet det praniske legeme. Det praniske legeme er begyndelsen på et bevidsthedslegeme bestående af fem typer fintstoflig energi. Bevidsthedslegemets energier kunne være identiske med de dynamiske energispektre eller de 5 elementer.

Integrationsmetoden af shakti og de højere energiniveauer består i meditation på farver, symboler, guder, dyr og andre egenskaber. Vi kalder dette for kreativ forestillingsevne.

Yogien anvender bevidsthedspunkter eller *bindu*. Et bevidstheds-punkt er en form for anker i de dynamiske energispektre og skaber forbindelse til de forskellige fintstoflige niveauer.

Bestemte former for lyd, symboliseret ved et *bija,* er også en metode til at kontakte og integrere energi. Vi kender ordet *OM* i denne sammenhæng. Et ord er en vibration og fungerer som et bevidsthedspunkt i en tankeform. Bija og bindu er magnetiske træk til det rette energiniveau, energimønster eller tankeform. Vibrationen eller bevidsthedspunktet fører direkte til energien bag strukturerne, i energimønstret. Idéen er den samme som når vi anvender ord eller begreber og kontakter en tankeform i det kollektive bevidsthedsfelt. Om vi kontakter den korrekte tankeform, kan vi integrere energi fra den, og aktivere nye former for bevidsthed i os selv.

Når intuitionen og empatien er udviklet, ses og sanses energierne som de er. Som tidligere nævnt opstår empati når den receptive bevidsthed og midthjernen samarbejder, og intuition opstår når RB og frontallappen samarbejder. Forskellige nye bevidsthedstyper danner sig når hemisfærerne balanceres, banerne integreres fuldt ud og en målrettet træning af RB og SB initieres.

En anden forskel på yogafilosofien og vores ligger i formålet med energiarbejdet. For yogien var målet at skabe energi nok til at nå det lag i sig selv, hvor *atman* eller det højere selv kunne kontaktes. På den måde søgte yogien at forbinde jeget med det sande selv, hvorved reinkarnation ville ophøre.

Vi arbejder ikke med et selv, men med energetiske komponenter i cykliske transformationsprocesser, betinget af de forskellige energi-systemers anvendelse af dem.

I standardsystemet forbindes hjernen og kroppen af hypothalamus og hypofysen. De to systemer styrer og regulerer kroppens indokrine kirtler gennem signalstoffer, stofskifte og blodet. De regulerer væske, kalk og saltbalancen. Cellemembranens overfladespænding reguleres af kalium-natrium balancen i cellen. Cellemembranen indeholder forskellige receptorer som modtager beskeder fra hjernen gennem kirtel- og hormonsystemet via signalstoffer som transporteres med blodet.

Det andet vi skal have fat i, når vi taler kroppens celler, er at cellen har en overfladespænding på mellem 60-90 millivolt. Cellen er ioniseret. Overfladespændingen kan ændres gennem påvirkninger fra kroppens indre systemer, men også gennem påvirkning af lyd, energi og kemi *udenfor* kroppen.

Hjernens forøgede aktivitet vil forandre alle kroppens autonome systemer. Kaste det ud i nye frekvensområder. De nye tilstande vil med tiden vil ændre membranpotentialet.

Den statiske tilstand ændres gennem integrationen af de højere samt de dynamiske energispektre, men ikke i klassisk elektrokemisk forstand. Vi bliver ikke elektriske eller selvlysende. Vores mål er at få ændret standardfrekvensen i hjernens magnetfelt. Kan vi få hjernen til at generere mere energi og komme op i nærheden af 33-69 Hz i længere perioder, vil den forøgede aktivitet påvirke kroppens celler.

Den statiske ligevægt brydes, fordi det fastlåste energiniveau i hjernens og kroppens magnetfelt ændres, og membranpotentialet undergår en langsom forandringsproces. Den almindelige celle går fra at være statisk til at blive dynamisk og styret af subtil energi og livets begyndelsesenergier. En dynamisk celle udveksler energi med sine omgivelser og dens elektrokemiske bevidsthed vækkes. Den statiske celle påvirkes gennem sine receptorer, hvorimod en dynamisk celle vekselvirker med energi gennem hele membranen.

Cellemembranen bliver plastisk og cellernes egenskaber udbygges. Også blodets celler undergår transformationsprocesser når hjertet aktiveres. Det er muligt fordi cellerne består af molekyler, der består af atomer, og atomer styres af de fire kernekræfter. De dybeste lag i cellerne er elektromagnetiske og energien kan ændres via kontakt til energimønstrene og de dynamiske energispektre. Alle celler bliver en indgang til kvantefeltet og PBTR om frekvenserne i hjernens og kroppens magnetfelter bliver høje nok.

Når vi ændrer på membranpotentialet, ændrer vi også på dets reproduktionsapparat: DNA'et. DNA'ets genetiske koder reflekterer totalfrekvensen og ændres ikke før magnetfelterne kører op i højere gear. Det dynamiske energisystem vil ændre cellernes strukturer over tid, men først i senere generationer ses ændringerne i cellerne og DNA'et.

Man mærker den forøgede aktivitet i magnetfelterne via en sitren i nervebanerne, specielt omkring hovedet og ofte i de kendte plexi. Jo mere energi man trækker ind fra det kollektive bevidsthedsfelt, desto tydeligere bliver denne sitren. Aktiviteten vil selvfølgelig være mere markant, hvor der er mange nervebaner samlet eller hvor huden er tynd, f.eks. på toppen af hovedet. Forhøjet blodtryk, svimmelhed, kvalme og diffuse smerter i led, organer og ekstremiteter er også tegn på forandringer fra den statiske til den dynamiske struktur. Det er vigtigt at man, om det fortsætter i længere tid, går til lægen og bliver tjekket, fordi symptomerne også kan stamme fra fysiske sygdomme.

Energiforøgelsen kan medføre ryk eller spasmer i kroppen, når energien aktiverer nervebanerne og tilfører konstruktive impulser til systemet. Ekstasefornemmelser kan opstå i forbindelse hermed. Det er muligt at opleve ekstase flere steder i kroppens netværk, f.eks. når nye områder i hjernens netværk forenes. Energimøder medfører altid kropsfornemmelser, i form af gåsehud eller følelsesmæssige positive reaktioner, når vi taler om integration af de opbyggende frekvenser. De destruktive frekvenser har det med, i energimødet, at antænde skyggerne eller andre energier på samme svingning. Det er en fordel at disse energier ligeledes aktiveres, da det destruktive kan anvendes som en forløsning af energetiske knuder og ubalancer i vores energisystem. Forløsning skaber større flow i magnetfelterne.

Kroppen begynder at anvende sit indre sansningssystem bevidst og retter dette ud mod omgivelserne. Cellerne begynder at arbejde intelligent og bevidst sammen med CNS´ og PNS´ energiimpulser.

Der sker en koordination af hjernens og kroppens bevidsthed. Det lille system vækker det store. Cellerne bliver en del af hjernens informationsbehandlingssystem, og sender nu impulser til hjernen. Det gjorde cellerne også før, men det skete gennem elektrokemiske signalstoffer og blodet, dvs. autonomt og ubevidst. Nu sker det direkte via subtil elektrisk aktivitet. Hele systemet bliver dynamisk, registrerer og overfører energi. Kroppens magnetfelt vekselvirker og trækker information ud af det elektromagnetiske hav samt integrerer energierne herfra.

Hjertet, thymus, bugspytkirtlen, leveren, milten, nyrerne, mave-tarm-systemet og gonaderne vækkes og aktiveres i kroppen. Hvert organ har sin elektrokemiske sammensætning og dermed sin egen frekvens. Organerne bidrager til magnetfeltets spændvidde, på samme måde som hjernens underområder gør det. Hvert organs kemiske struktur varierer lidt fra hinanden, hvorfor magnetfeltet er forskelligt fra organ til organ. Med andre ord tuner de enkelte organer sig ind på omgivelsernes frekvenser på hver sin måde, og vi skal kende forskellen.

Vi skal kunne sanse ind til organernes energisammensætning og aflæse hvilke energier de går i resonans med. Eller i det mindste forstå hvilke energier vores organer godt kan lide. Dialog med organet vil vise vejen. Ikke verbal, men energetisk dialog.

RB øger vores forståelse af vekselvirkningen med omgivelsernes energier. Gennem RB lærer vi hvilke energier der harmoniserer vores organer. Helt optimalt kan vi lære at integrere så megen energi fra omgivelserne, gennem den receptive bevidsthed i kroppen, at vi ikke behøver at spise energi i fortættet form. Vi kan lære at integrere den direkte fra f.eks. naturens mange planter.

De fleste energifelter indenfor stofområdet arbejder på at udvide deres energisammensætning, forbinde sig og skabe nye energityper. Anvendelse af resonansprincippet, samt viden om konstruktiv og destruktiv interferens, er de redskaber RB søger at mestre. Vi kan anvende vores følsomhed, når vi er ude i naturen, og på den måde harmonisere vores energisystem gennem naturens vidundere.

Bag alle naturlige processer eksisterer de dynamiske energispektre i den rene form. Menneskelige energisystemer kan ikke være kilder til harmonisering af vores magnetfelter på grund af krystalliseringerne mellem potentialefeltet og energikroppen.

Krystalliseringer hæmmer den dynamiske bevidsthed. De er rigide energimønstre som har mistet deres flydende struktur på dynamisk niveau. F.eks. cellen har *flydende krystalstruktur* på elektrokemisk niveau. Den har ikke fast form eller er flydende, men er en mellemting. Med tiden ophører cellen med at reproducere sig selv og fleksibiliteten forsvinder. Her opstår de såkaldte krystalliseringer i den biologiske organisme. Skelettet er godt eksempel på forandring fra fleksibel til rigid cellestruktur.

Det samme sker på subtilt niveau bare på en lidt anden måde, dog er resultatet det samme. Energierne ophører med at vekselvirke med omgivelserne og de statiske tilstande overtager lige så stille og roligt med henfald til følge.

Om vi lærer at gå i resonans med naturen, vil vi have adgang til energikilder som overstiger vores vildeste fantasier. Naturens forrådskammer består ikke bare i dens vitaminer og mineraler, men i dens direkte adgang til de dynamiske energispektre.

Lad os samle lidt op, inden vi går til næste kapitel.

Alt er elektromagnetisk energi på flere frekvensniveauer. Hvert lag af hjernens magnetfelt processerer elektromagnetisk energi på finere og finere niveau, hvorved hjernen kan gå i konstruktiv eller destruktiv interferens med energihavet omkring det. Kroppen besidder samme evne. Både krop og hjerne består af flere forskellige frekvensområder der aktiveres gennem hjernens underområder samt kroppens organer og disses magnetfelter.

Målet med bevidst evolution er at opnå adgang til højere frekvensområder i det kollektive bevidsthedsfelt, både på statisk og dynamisk niveau. Magnetfelterne omkring krop og hjerne udvikler flere og flere subtile tråde eller strenge i magnetfeltet, i takt med at vi integrerer mere og mere energi. Vi lærer at bearbejde energierne gennem f.eks. meditation, kreativ forestillingsevne eller visualisering, hvorved vi bliver i stand til at sanse finere niveauer af energierne omkring os. Den holistiske forståelse, samt opfattelse af Jorden som en del af en selv, er en naturlig konsekvens heraf. Jo flere fintstoflige strenge et magnetfelt består af, desto flere lag af det kollektive bevidsthedsfelt kan det interferere med.

Gennem det indre energiarbejde, vores registrering og bevidste energibearbejdning kan vi integrere energierne, hjerne og krop har brug for i deres arbejde med at danne finere og finere magnetfelter, der favner både statiske og dynamiske aspekter af virkeligheden. Den receptive bevidsthed viser os om energiformerne er i samklang med vores nuværende energetiske udviklingstrin, så vi kan udvikle os mod nye horisonter, nye lag af vores energisystem.

Ændring af kostvaner er en sikker hjælp til udvikling og aktivering af hjernens og kroppens magnetfelter. Energiholdig kost forøger den elektriske aktivitet i hjernen og fremmer meditationens mekanismer. Vi taler ikke om joule her, men om dynamisk og ren energi. Desuden er der en forbindelse mellem kost og hjernens kemi. Forkert kemisk sammensætning i kosten, i forhold til kroppens energisystem, kan give allergier, humørsvingninger, depressionstilstande og visse ADHD symptomer.

Meditationsøvelser stilner hjernens autonome aktivitet. Den indre dialog og de primære anvendelsesområder sættes i bero. Derefter bør der arbejdes bevidst med visioner og kreativ forestillingsevne med det formål at integrere mere energi fra de andre baner. Herfra udøves teknikker til energiakkumulation, således at de tertiære baner aktiveres. Den øgede energimængde igangsætter nye processer i krop og nervesystem. En vis overfølsomhed i CNS og PNS opstår.

Andre mennesker reflekterer energiforståelse for os. Deres adfærd og vores bevidste eller ubevidste interaktion med dem udspiller energityperne i aktion. Alle former for adfærd er udtryk for enten kropslig eller hjernemæssig energiudladning som påvirker energifelterne omkring os.

I vores arbejde med at bryde normalfrekvensen i hjernen, oplever vi sammenbrud og gennembrud. Disse kan udtrykke sig mere eller mindre harmonisk alt afhængigt af, hvad vi har med os i bagagen, specielt på det følelsesmæssige område. Når ligevægtstilstanden brydes vil lagene i energisystemet rive sig løs som tektoniske plader og alt, hvad der ligger gemt underneden vil finde sin forløsning og sin katarsis. Forskellige former for psykoterapi og indre arbejde er derfor nødvendigt i processen.

Enhver menneskelig *beslutning og handling* sætter magnetfelterne i bevægelse, hvorved energi integreres fra omgivelserne eller sender energi ud i omgivelserne. Vores del af bevidsthedsudviklingen er at blive visere og bedre i vores udveksling med omgivelsernes energier.

Kroppen og hjernen er et ultimativt udtryk for masse og energetisk intelligens, dvs. bevidsthed, med aktions- og integrationspotentiale i tid og rum. Den bevidste interaktion med energi og forståelsen af den dynamiske bevidsthed, er det vi arbejder os frem mod. I denne proces anvender vi den strukturelle bevidsthed, den receptive bevidsthed og de andre former for bevidsthed, vi med tiden vil opdage, vi har evner for at opnå. Det hele er tilgængeligt for os, om bare vi vil. Anvendelse af forskellige typer bevidsthed medfører nye måder at interagere og interferere med omgivelsernes energier.

Alt er bevægelse og energetisk intelligens. Energetisk intelligens udtrykker sig gennem alle former for energi, godt såvel som mindre godt. Jorden er et energisystem, som vi er det. Når vi udfolder os i dette energifelt vil de finere og finere magnetfelter, vi udvikler, give os informationer om hvilke energier der matcher vores system og hvilke der matcher Jordens. Begge systemer skal spille sammen for at udvikle sig optimalt. Om vi fortsætter med at udvikle os imod Jordens evolutionære mål, vil vi dermed sinke og hæmme vores egen proces. Heldigvis er det således at jo finere bevidsthed vores magnetfelter arbejder med, desto mere ønsker vi at være i samklang med det energihav vi er en del af. Så det løser som regel sig selv. Den receptive bevidsthed er nøglen til en øget empatisk og intuitiv forståelse af andre og det energisystem vi alle er en del af, nemlig Jorden.

Den receptive bevidsthed starter med kropsbevidsthed. Ikke bare den ydre sansning vi opøver gennem motion, aktiviteter og deslige, men også den indre sansning. Yogien arbejder på teknikker, hvor han eller hun opnår forståelse og kontrol over kroppens beredskab, både i massiv og energetisk tilstand. Nu behøver vi ikke opøve talenter for levitation, umulige stillinger og andre overmenneskelige aktiviteter, vi har set yogier udføre. Vi skal nå derhen, hvor vi kan aktivere den energetiske intelligens i vores celler. RB er bevidstheden som overskrider grænser og vores fragmenterede forståelse af omverdenen. Med den går vi forbi kroppens afgrænsede energifelt og bevæger os ind i tingene, dvs. kommer i kontakt med tingenes essens. Det er vores vigtigste redskab til at kontakte potentialefeltet bag tid og rum.

Men den receptive bevidsthed stopper ikke der, for det er kun en del af dens virkeområde. RB gør hele kroppen til en stemmegaffel alle former for energi kan aktivere. Med tiden genkender vi ikke bare andres følelser på grund af hjernens *spejlneuroner*, vi lærer at sanse andres energetiske udladninger med kroppen i de områder, hvor elektrokemiske sensorer aktiverer og exciterer de tilhørende celler.

Gennem arbejdet med vores egen psyke kan vi lettere afkode hvilken energi et andet menneske har aktiveret i sit system. Jo bedre vi kender de menneskelige tanker og følelsers spektre, desto bedre kan vi aflæse andre menneskers psykiske univers. Den empatiske skelneevne og den receptive bevidsthed samarbejder om at afkode det område, i celler og organer, som aktiveres i andre mennesker.

Kapitlet afsluttes med en lille historie om et barn der mistede den medfødte receptive bevidsthedstilstand.

En eller anden dag holdt jeg op med at leve – med at være i verden. Jeg forsvandt, mistede synet og holdt op med at se. Indeni var jeg helt blind. Jeg døde, men var stadig i verden. Min krop blev et adskilt væsen fra mig selv. Jeg blev en tom skal af ingenting – et intet, et tomt hul andre kunne putte deres holdninger og meninger ned i. Et stivnet væsen uden mening. Lyset blev slukket. Alle mine små vandreture, fyldt med eventyr og oplevelser, forsvandt. Indtil da var alt nyt. Jeg var kommet til verden og alt var nyt. Sommerfugletræerne trak med sine dybe lilla blomster og myriader af sommerfugle, der svirrede omkring mig. Her kunne jeg sidde i timevis og bare opleve, være, se og sanse. Tage denne vidunderlige stille verden ind af ren væren. Uden tanker. Uden tid og rum. Alle de små mirakler svævede foran mig med håb og løfter. Fe-støv som stille dryssede på min hud. Eller jeg kunne vandre på en byggeplads midt i mellem brudstykker af gamle fliser, mørtel og pløjet jord.

Dette magiske sted, hvor Jorden var blevet åbnet og hvor hendes inderste lå blottet for mig. Bunker af tidløse sten, fra dybt i hendes indre, blotlagt og sårbare. De lå der med al deres kraft og virrede med missende øjne mod solen. Glimtende og magiske som de var, mudret til og lige til at samle op og tørre af. Hvilke historier gemte disse sten ikke. Historier fra Jordens begyndelse. Historier om folk fra tidligere tider, med deres lasede klæder og hærdede huder, havde holdt en af disse sten i deres barkede hænder.

Stille stunder siddende på marken, mens lærken strøg over mit hoved med sin sang. Denne prægtige fugl, der hvert år bebuder, at nu kan livet begynde igen. At enden på den kolde vinter med den barske nordenvind er ovre. At foråret kan kigge forsigtigt frem. Vinde styrke dag for dag. Disse tidlige stunder, hvor frosten endelig må give sig. Den må overlade livet og den golde jord til foråret med den blide vind. Til forårets blide kærtegn og store pensel. De store strøg som farver Jorden grøn. Denne magi når Moder Jord endelig vågner af sin dvale. Når den indadvendte lange dvale, med alt i hi, ophører. Som en langsom diva vågner hun, mens hun vrider sit kolossale korpus. Drejer sit ansigt mod solen, væk fra mørket og ind i det himmelske lys, hvor skabelsen igen og igen får sin begyndelse. Længere tid, end jeg har eksisteret som menneske, har Jorden været der. Som en trøst, en favn af smukke blomster og stille brise mod min hud. Hvordan kan noget så enormt, med så megen kraft, være så stille og give så megen ro?

Når jeg virkelig synker ind i Jordens energi, forsvinder i dens mørke muld og altfavnende stilhed, mærker jeg livet pulsere med en sådan kraft, at om energien virkelig blev sluppet løs i al sin vælde og magt, ville alt blive ødelagt. Hvordan holdes denne kraft i en sådan stille balance?

Jeg mærker skønheden og destruktionen. Du smukke Jord med svulmende former og uendelige frugtbarhed. Du altfavnende giver af liv og altopsluger af liv. Som en arrig kvinde omstyrter du livet år efter år og som den barmhjertige giver, genopretter du det igen år efter år. I disse mægtige kræfter finder jeg ro.

Moder Jord, du er i mit sind og i min væren. Som en bleg afglans af din skønhed færdes jeg, en lille tøs i verden, på din overflade. I dit tidløse rum, hvor begyndelse og ende sluger hinanden i en cyklus med små begyndelser og små slutninger. Små stille dødsfald og små stille genopstandelser.

Men dengang døde jeg fra verden. Holdt op med at se, mærke og føle. Jeg tabte forbindelsen til Jordens smukke uendelige væren, de små cykler af harmoni og kaos, og blev et stivnet menneske, presset ned i en skal af burde, bør og skal. Jeg udviklede mit ego.

Som et menneskebarn kastet ud fra Edens Have med et udviklet sind, der kunne skelne mellem godt og ondt. Som kunne vurdere, klassificere, dømme og tolke. Jeg mistede min moder og min fader. Jeg mistede både jord og himmel, i samme sekund, jeg blev bevidst om mig selv. Det var ikke et syndefald, men hvor var det synd at jeg faldt, for jeg mistede det helligste – mit dybe rum – min væren. Jeg faldt fra væren til en bleg afglans, jeg kunne kalde "et jeg". Et barn med et ego.

Med viden kom fraværet af visdom. Jeg begyndte at tænke over det, jeg oplevede og mistede livet. Jeg så uden at se. Jeg hørte uden at høre og jeg oplevede uden at forstå.

Jeg var i verden, men ikke i livet – jeg forstod, men så ingen virkelighed. Hvilket paradoks – i det øjeblik, jeg begyndte at erkende mig selv, mistede jeg mig selv. I det øjeblik jeg begyndte at vurdere mig selv, sammenligne, klassificere og rubricere, for at blive et bedre menneske, blev jeg et fattigt væsen. Det var det jeg lærte, alle disse kasser, jeg pludselig skulle presses ned i. Kasser af normalitet og socialitet – alt sammen forringede det min væren. Her var ingen slanger, der lokkede eller dæmoner og faldne engle.

Jeg opdagede alle de andre mennesker der, i deres egne ubevidste sind, vurderede og klassificerede. I deres angst for det tidløse rum de selv havde mistet, denne rest af væren, var de fortravlet med at dulme frygten i arbejde, alkohol, mad og andre lystbetonede substanser. Bange mennesker. Livløse mennesker. Jeg holdt op med at se, da jeg begyndte at forstå. Og jo mere jeg forstod, desto dummere blev jeg.

Dengang jeg kunne se, da vidste jeg, men jeg forstod ikke. Jeg vidste det bare, mærkede det, så det – realiteter skal ikke forstås - man forstår noget, der bare er. Der var ikke noget at forstå, kun noget, der kunne opleves - sanses. Og accepteres som det, det nu var. Jeg holdt op med at lytte, da jeg skulle lære at høre efter.

Alle disse ligegyldige krav om bestemt opførsel og væremåder. En måde at eksistere på - langt fra min væren. Langt væk fra det smukke indeni, der bare var til stede, som hørte vindens stille susen i træerne, børnenes latter og humlebiens summen. Støjen fra menneskene der alle vidste bedre - som alle kendte de rigtige svar og spørgsmål til besvarelse. Lyt lyt lyt skreg de, som formummede krager. Men ingen af dem kendte realiteterne, det virkelige liv. De kendte kun den verden, de havde skabt i deres sind. En verden af tankespind og forvrænget fortid. En verden af illusioner, smerte og fortrængte følelser. Lyt, skreg de, hør hvad jeg siger, men selv overhørte de deres egen indre stemme der stille hvislede "lyt til dit hjerte og find sandheden der. Lyt til det stille rum, for der finder du vejen. Følg vejen ind og find vejen ud". Og jeg lyttede til dem. Jo mere jeg lyttede til deres skrig, desto mindre hørte jeg. Jeg gjorde, som de sagde, jeg lyttede til deres stemmer og holdt op med at høre, for jeg mistede stemmen i mit indre.

Jeg døde, da jeg begyndte at leve i verden. Da menneskenes verden blev min virkelighed. Da jeg blev "et jeg", døde jeg og et forvirret liv startede. Et liv fuld af uro, hændelser, utryghed og frygt.

Da jeg lærte om verden, blev jeg bange, men inden da - da jeg var i min væren - færdedes jeg trygt alene og gik, hvor andre ikke gik. Klatrede, hvor der var højder, kravlede, hvor der var usikkert og gyngede højt, højt op til himlen uden at holde med hænderne. Jeg vandrede trygt på ukendte stier, fandt nye veje og nye oplevelser, i tillid og accept - for hvordan skulle en Jord, så smuk, så barsk, kunne andet end at nære mig med alt dens rigdom?

Moder Jord, min elskede moder, i dit skød og i din favn er jeg tryg og hel. I menneskenes verden er der krig og fortræd, smerte og lidelse. I denne verden lever frygten, som en parasit, der snylter på menneskesindet og som suger al kraft ud af den sidste rest, af lysende væren, der måtte være tilbage i deres hjerter. Og jeg græder. Hvorfor kan menneskene ikke forstå, at al denne smerte og lidelse, kun foregår i deres sind?

At de bare skal se, se realiteterne, se dig Moder Jord, se din skønhed og finde din ro, din balance. Hvis de bare kunne se dig, så kunne de se livet. Men de ser kun deres egne refleksioner af deres sind. De ser kun deres egen smerte, deres eget mørke og indre dæmoner. Dæmoner, der næres af deres frygt. De ser fortiden, kalder det erfaringer og realiteter. Bruger deres viden til at begrænse deres liv. Siger de er blevet klogere og mere erfarne, og lukker livet ude.

Resignerer i deres klogskab. Fortaber sig i deres tankespind og ser kun deres egne selvskabte virkeligheder der intet har med realiteterne at gøre. De er bange for døden, for forandringerne, for alle de små øjeblikke med død og genopstandelse og forsøger at stoppe livets strøm med tankestrukturer, systemer, teorier og selvskabte ideer om skabelsens oprindelse og kalder det sandheden. De forsøger at give det meningsløse mening. De giver det mening, for at skabe tryghed, for at slukke frygten i deres sind. Men jo mere de søger mening, desto mindre ser de virkeligheden – alt det, der bare er og som ikke kan forstås, kun opleves og sanses - for virkeligheden er meningsløs. Den er bare. Jeg fik livet tilbage, da jeg overvejede at tage det. Det var ikke døden der gjorde ondt, dengang jeg døde, nej det var vejen tilbage til livet. Den svære lidelse, det var at opdage, at jeg var blevet naglet til nogle rammer skabt af andre, som holdt mig stivnet og blødende, væk fra mit væsen, mit indre. Ydre vilkår, der med en begrænsende magt, kaldte mig til opvågning, til at kalde på min moder og fader, græde min smerte ud og mærke sorgen som et sværd i min side. Disse rammer havde jeg båret som mine egne, som et åg af virkelighed, der vidnede om de andres tro på en illusion om verdslig magt.

Som om det begrænsede sind nogensinde skulle have magt nok i verden til at bringe sig selv tilbage til væren, til livet. Og jeg græd. Jeg græd, fordi jeg havde fundet en flig, en lille del af alt det, jeg havde mistet. Jeg græd, for da jeg først havde fundet lidt, gik det op for mig, hvor meget jeg havde mistet og smerten over dette gigantiske tab, slugte min krop og sind ned i et mørke der kun kunne finde sin udgang i lyset. Der i graven, i mørkets stilhed, slikkede jeg mine sår, hvilede, mærkede, gemte mig der, midt i orkanens øje, hvor alt ånder midlertidigt ro – vel vidende, at det kun var et spørgsmål om tid, før jeg skulle ud i selve orkanen - livet ventede derude på den anden side.

Da jeg var parat, skubbede jeg den tunge dør åben, forlod min grav, det mørke rum, søgte livet og lyset på den anden side. Jeg rejste mig fra sindets stivnede greb, med min vilje alene og med trangen til at vende tilbage til virkeligheden, til det meningsløse, til min væren.

Virkelighedens natur

Hvordan er vores virkelighed skruet sammen?

Det er spørgsmålet både videnskab og filosofi forsøger at finde et svar på. Virkelighedens natur kan anskues fra flere vinkler, f.eks. som værende energetisk, holistisk-spirituel eller som potentielt tomrum.

Den strukturelle bevidsthed genererer vores forklaringsmodeller af virkeligheden og vokser ud af hjernens evne til at omsætte energi til forståelige tankeformer. Forklaringsmodellerne opstår i de aktiverede dele af hjernen og opfattelserne af virkeligheden varierer herefter. I bund og grund varierer virkeligheden ikke nær så meget som vi tror. Den fysiske verden er temmelig nagelfast og forandrer sig langsomt. Den foranderlige del ligger i vores forståelse af tingene og tankerne vi gør os om virkelighedens natur.

Videnskabens virkelighed består af udfoldet energi på flere planer. Klassisk fysik definerer lovmæssighederne for større legemer såsom rummet, galakser, planeter osv. Kernefysikken arbejder med energi i dens mindre bestanddele i form af atomer og elementarpartikler. Herefter bliver virkeligheden uhåndgribelig og mindre forudsigelig i og med at kvantefysikkens lovmæssigheder træder i kraft. På kvante-niveau er virkelighedens natur ikke-synlig og kan kun erkendes ud fra teoretiske sandsynligheder.

Energiens ultimative mindstebestanddele er i konstant bevægelse. De interfererer med andre systemer. Deres vinkelrette, spiralerende og springende bevægelser danner mønstre og energiformer i tid og rum. Partiklerne cirkulerer ind og ud af vores synlige virkelighed i forskellige kvantetilstande. De ultimativt mindste bestanddele dannes i kvantefeltet og er udgangspunktet for den fysiske virkelighed.

Religionerne, de holistisk-spirituelle retninger og andre midthjerne tænkere opfatter virkeligheden som et resultat af en højere intention med universet, Jorden og mennesket. Når den strukturelle bevidsthed og jeget er centreret i midthjernen styrer det *intentionelle paradigme*, i en eller anden form, menneskets skæbne med hård hånd. Der tales om et valg mellem gode og onde kræfter, og en paradisisk virkelighed mennesket selv er med til at skabe eller kan opnå, om bare det efterlever visse krav og regler. Kravene skal opfyldes før den *intentionelle bevidstheds energi, nåde eller frelse* gives til mennesket. Himmerig, sjælsriget, parallelle virkeligheder, formål og læreprocesser, valg og fravalg ligger i denne virkelighedsopfattelse.

Midthjernens erkendelsesprocesser styres af emotioner, hvorfor de eksistentielle spørgsmål og svar farves af overbevisninger baseret på projektioner, ubevidst indhold og diverse illusioner. Der kræves en *mening* med virkeligheden og menneskets eksistens for at *lidelsen* kan holdes ud. Forståelsen af livet som en lidelsesproces, som en kamp mellem modsatrettede kræfter i mennesket og omgivelserne, udspringer af midthjernens psykologiske og projektive mekanismer.

Godheden, paradiset, lidelsen og ondskaben stammer ikke fra ydre og indre højere eller lavere kræfter, men er en del af mennesket selv. Oprindelsen findes i menneskets psyke og udspringer af ubearbejdet emotionelt materiale samt ubalancerede elektrokemiske processer i amygdala, hypothalamus, hypofysen, det limbiske system og storhjernen i øvrigt.

Midthjernen udvikler sig gennem jegets søgen efter svar, gerne indenfor en bestemt trosretning eller videnskabelig forklaringsmodel, der beskriver virkelighedens natur. Travlt beskæftiget hermed finder de elektrokemiske og dermed de psykologiske processer ro, mening og indhold uanset om vi taler religion eller videnskab. Men der er endnu et niveau af virkeligheden, vi skal se på i denne sammenhæng.

Begrebet intethed er dækkende for denne virkelighedsopfattelse. Hvor de troende anser al begyndelse for at være et værk begået af en skabergud i en eller anden form, ser videnskaben mere energetisk på virkelighedens natur, selvom de pt. er stagneret i teorien om Big Bang og har nået en grænse indenfor kvanteteorien. Selv hinduerne antog, i århundrederne før vor tid, at alt blev skabt ud fra en lyd, AUM, i lighed med den videnskabelige udlægning af et Big Bang som startede universets udviklingsforløb med en stor eksplosion. Big Bang eller AUM. Tankesættet er det samme blot udtænkt i forskellige dele af hjernen. Hvad der ligger før Big Bang vides ikke. Det er uden for tid og rum, og dermed forståelsesmæssigt uden for hjernens rækkevidde. Hvordan virkeligheden kan udspringe af intetheden, som vi ser det i kvantefeltet og måske i Big Bang, er vores næste gode spørgsmål.

Svaret er enkelt. Måske skyldes det begrebsforvirring, fordi den strukturelle bevidsthed ikke kan operere med begrebet intethed?

Måske betyder uden for tid og rum i virkeligheden uden for SB's rammer? Eller uden for det frekvensspektrum hjernen opererer ud fra? Virkelighedens natur ser med garanti anderledes ud om vi placerer os et andet sted i det elektromagnetiske spektrum og ser tingene fra andre bølgelængder. Vores virkelighedsopfattelse er uden tvivl styret af Jordens energetiske spektrum og muligvis også af solens energier. Vi tager solen med her, da astronauter udenfor Jordens energisystem stadig tænker og opfatter sig selv som de plejer. Måske behøver vi ikke at tage solens energier med i vores betragtning, i og med at ELF har en rækkevidde på op til flere 100 Mm.

Det er, så vidt vides, kun kroppen som lider under den manglende tyngdekraft i rummet. Måske, efter længere tid, vil andre virkninger vise sig såsom henfald på celleniveau grundet manglende energiudveksling med Jordens energisystem eller måske det ikke er mangel på tyngdekraft alene der får musklerne til at forvitre?

Virkelighedens natur, gennem bevidst evolutions forståelse af den, indeholder endnu et niveau. Hvad der kunne se ud som intethed er potentialefeltet uden for tid og rum (PBTR).

Det vil ikke være korrekt at kalde PBTR for en del af kvantefeltet, fordi det kommer i begrebsmæssig karambolage med kvantefysikkens principper. Det ligger nærmere før kvantefeltet og dermed uden for SB og vores forståelse af den fysiske virkeligheds rammer. Vi skal ud i en formløs forståelse af universet og vores inderste niveau der også består af et PBTR. Mennesket følger som naturen en bevægelse fra det synlige, til det atomare niveau, til kvantevirkeligheden og derfra til vores PBTR. Det er her den dynamiske bevidsthed (DB) finder sin anvendelse og berettigelse. DB fungerer gennem den strukturelle og den receptive bevidsthed (RB). RB giver en redskaberne til at *se* og *føle* PBTR og SB fortolker det sansede. Vi husker at den dynamiske bevidsthed tager sin begyndelse, når de dynamiske energier forbindes med RB's redskaber og tolkningen af det registrerede sker gennem den strukturelle bevidsthed.

I potentialefeltet eksisterer enhver udgave af ikke-energi, energi, præ-energi og post-energi. Potentialefeltet lader sig ikke forklare med ord eller begreber. Det er ordløst, formløst og helt uden for vores forståelse. PBTR kan sanses med den receptive bevidsthed, men kan ikke erkendes direkte af den strukturelle. At sanse potentialefeltet er som at gå ind i et mørkt rum uden at vide, hvad der er derinde. Man ved at alt kan eksistere i mørket, men øjet ser ingenting. Kun mørket eller intetheden registreres og alligevel fortæller de andre sanser os at der findes noget i rummet. Vi kan mærke det og vi bliver nødt til at anvende helt nye sanser end de vante håndgribelige for at forstå det mørket gemmer på.

PBTR *føles* som en suppe af liv. Et virvar af potentialer. Deraf navnet potentialefeltet. Når man *ser* på det, med sindets øje, synes det mørkt og alligevel kan man sanse dets lysende aktivitet. PBTR er enhedsfeltet hvorfra alt udspringer og det besidder en form for enhedsbevidsthed. Feltet er uden afgrænsning, det er grundlaget for alt, og i stand til at fragmentere sig i alle afgrænsede og uafgrænsede muligheder. Den inderste kerne i ethvert univers er PBTR og den yderste grænse ligeså, for at anvende en SB tankegang. Alt starter her og slutter her.

PBTR er meningsløst, intentionsløst og formålsløst på samme vis som det er meningsfyldt, intentionsfyldt og formålsfyldt.

Virkelighedens natur består af de reneste muligheder, i sig selv, som en væren. Her er ingen gud eller skaber, men selvopretholdende og selvskabende mekanismer. Det kan være svært at rumme, men det giver frihed fra alle ideologier om man tør favne dette dynamiske *ingenting og alting*. Hvis virkelighedens natur er grundløs, dvs. uden afgrænsning og udelukkende bestående af potentialer, kan der ikke eksistere et højere selv med forbindelse til den højeste kilde. Der er ingen højeste kilde selvet kan udspringe af, men som Buddhaen pointerede er det muligt at væsener, vi betragter som guddommelige, eksisterer. Vi skal blot acceptere at de, på samme måde som vi, er betinget af forudgående tilstande og må opløses når energisystemet har udlevet dets potentialer.

Kun at eksistere i et liv kan være svært at håndtere. *Et liv* betyder den varighed et givent energisystem har mulighed for at eksistere i, dvs. hvor det udlever sine potentialer. Det giver sig selv at jo flere potentialer et energisystem indeholder, desto længere er dets liv. Jegets frygt for opløsning overskygger accepten af virkelighedens natur på andre niveauer. Jegets udvikling stopper ofte i midthjernens intentionelle paradigme og bearbejder virkeligheden indenfor samme kontekst blot gennem forskellige teorier. Virkelighedens natur kan defineres på mange måder, alt afhængig af hjernens udviklingstrin.

PBTR er også blot et skridt på vejen i vores erkendelsesproces og dækker måske over energetiske spektre vi mangler at integrere og dermed kunne erkende ud fra. Feltet synes mørkt, fordi vi endnu ikke har redskaber til at erkende PBTR med.

Bogens grundteser minder om den tidlige buddhismes tankegang. Buddhaen tog udgangspunkt i at der ikke fandtes et højere selv eller læren om *an-atman eller anatta (no-self).* Ovenstående forklaringsmodel kan være en af grundene til, at han ofte svarede vagt på spørgsmålet om der fandtes et højere selv. En anden mulig grund kunne ligge i nedenstående tankerække.

Forståelse af reinkarnation uden et højere selv gør det svært at forstå reinkarnationsidéen, for hvad reinkarnerer om der ikke findes et højere princip som overlever kroppen og sindet? Både Buddhaen og denne bog fastholder idéen om reinkarnation, på trods af det manglende selv. Lad os gennemgå en tankerække for at komme frem til at svar, hvor vi skelner mellem regressionsoplevelser stammende fra psykens processer og sekvenser fra aktiverede energimønstre.

Idéen om individuel reinkarnation stammer fra jeget og dets trang til at forstå sit ophav. Det er et forsøg på at finde en mening med ens eksistens og de udfordringer man møder i livet. Reinkarnation er en indre oplevelse og visionerne herom dannes ofte ud fra uerkendt psykologisk indhold, tankeformer og uforløste emotionelle tilstande i relation til andre og en selv.

I forståelsesprocessen anvender jeget den strukturelle bevidstheds rammer for tid og rum, danner energetiske tilstande og virkeligheder ud af det uerkendte energiindhold. Hjernen aktiverer de uintegrerede energier i en narrativ kontekst, med udgangspunkt i jegets forståelse af sig selv i nuet, hvorved der skabes en historie om fortløbende eksistens. Det uerkendte indhold projiceres ind i fortællinger med det formål at aktivere nye energimønstre i hjernen. Der skabes orden i det ubevidste indhold, med jeget som det oplevende subjekt i andre tidsaldre, hvor det mindst erkendte indhold placeres længst væk, i en fjern tidsalder, og det uerkendte materiale lige under overfladen placeres i nære tidsaldre. Reinkarnationsoplevelser er med andre ord en form for visioner som dannes med det formål at integrere nye energiniveauer.

Forståelsen af jeget som det oplevende subjekt i en kontekst, dvs. selvidentifikationsmekanismen, overføres til enhver ydre og indre oplevelse. Det er jegets måde at identificere sig med, bearbejde og forholde sig til energierne i spil, uanset om det er drømme, visioner eller kanaliseringer. Så længe jeget hersker over de primære baner, og vurderer omgivelsernes energier ud fra SB's rammer, vil enhver perception af det oplevede være farvet af hjernens udviklingstrin.

Spontan regression, eller andre tilstandsformer i bevidsthedens manege, udspiller sig med det nuværende jeg som det oplevende og observerende bevidsthedspunkt. Men det er et selvbedrag, da jeget er et betinget produkt af energisystemet og opløses sammen med dette ved dødens indtræden. Jegets placering af sig selv i tidligere liv, eller indre oplevelser af at komme fra fjerne planetsystemer, er den strukturelle bevidstheds omsætning af energioplevelser til scenarier med jeget som aktør og observatør – ikke et fortløbende højere selv.

Det narrative i oplevelsen integrerer energien, men det er ikke det samme som at jeget har været i denne form, i det liv, har eksisteret på den eller den planet. Det er hjernens måde at placere ny intern eller ekstern energi i en kontekst.

Fremmede steder, planeter eller galakser er, først og fremmest, nye uerkendte områder af hjernen der aktiveres. Hjernen placerer blot jeget i oplevelsen for kunne integrere energien og håndtere de medfølgende elektrokemiske processer ved at leve energiernes indhold ud i et passende scenarie.

Som udgangspunkt er fremmede væsener fra fjerne galakser og UFO'er nutidens arketyper. De stammer fra aktiverede underområder i hjernen og er udtryk for nye bevidsthedsformer i mennesket.

Michael Newtons *Sjælerejser*, Borgen 2005, handler om hvorledes mennesker opnår kontakt til forskellige former for sjælsplaner og værensformer, mens de er i hypnose. Måske disse væsener, der taler gennem klienterne, er faktiske tilstandsformer eller måske de er et resultat af hjernens dybere lag. Klienten, under hypnosen, kunne være i kontakt med en tertiær bane, dens tilhørende scenarier og på samme vis som hjernen skaber alternative jegformer i drømme, skabes et alternativt fortællende jeg under hypnosen.

I drømme er dele af jeget aktivt på *andre planer*, dvs. andre planer i hjernen. Ikke i andre tilstandsformer som en objektiv virkelighed. Hvis vi kunne tale, mens vi drømte, ville fortællingerne måske ligne dem Michael Newtons hypnotiske sessioner kalder frem. Klienternes historier kunne meget vel afspejle dybdepsykologisk materiale, intet andet. Om Michael Newton og disse mennesker tillige tror på et liv før og efter døden vil de tertiære baners indehold ubevidst tolkes ud fra denne kontekst som værende fortællinger fra et efterliv.

Som oftest handler reinkarnationsoplevelser om hjernens elektrokemiske mekanismer. Hjernens egne produkter kan genkendes på de drømmeagtige fortællinger med metaforlignende indhold, følelsesladede scenarier og stereotype persongalleri i en eller anden dulgt kontekst, men nogle gange er der reelt andre faktorer på spil. I psykens manege kan der dukke stemninger og hukommelsesspor op, som en indre panorerende film med meget livlige minder, hvor indholdet er så fyldigt, at informationerne kan findes i materialer såsom kirkebøger mm. Minderne indeholder detaljerede oplysninger og billedsekvenserne ligner dem, vi har fra vores eget liv. Minderne er ofte fra tidligere tider og er ikke introjiceret via film, bøger og andet ubevidst kopieret materiale. Disse minder betegner vi som sekvenser fra aktiverede energimønstre. De er ikke reinkarnationsoplevelser fra et højere selv, men operative sekvenser fra energimønstre.

Sekvenserne aktiveres, fordi energisystemets højere frekvenser opløser cellernes statiske tilstande og tvinger energimønstrene til at afspille deres betingning og udfolde deres kodninger.

Energimønstre er betinget af den tidligere anvendelse i et andet menneske, en anden tilstandsform eller andre energetiske hændelser i tid og rum, på Jorden og fra andre energisystemer. De er kodet med sekvenser fra det tidligere energisystem energimønstret var en del af. Et energisystem består af energimønstre fra flere forskellige energisystemer, hvorfor der kan dukke mange hukommelsesspor op.

Først her kan vi tale om en reel reinkarnationsoplevelse med det nuværende jeg som oplevende subjekt. Men, fordi jeget ikke kan forholde sig til et fremmed jeg, eller et hukommelsesspor som ikke passer ind i jegets selvopfattelse, vil det sætte det oplevede ind i en kontekst, hvor jeget bliver det oplevende subjekt *som var det jeget selv der havde oplevet det*. På den måde skabes et tilhørsforhold til minderne og psyken vil opfatte dem som tilhørende jeget.

Mekanismen anvendes også i drømme, hvor jeget er en anden og samtidig er sig selv. Jeget projiceres ind i den fremmede form og selvom det ydre ser anderledes ud, er det indre identisk med jeget i dette liv.

Vi vil se langt mere af dette i fremtiden når flere får aktiveret deres energimønstre. Energimønstrenes indhold afspilles for at det energisystem, de er en del af, kan transformere basale kodninger til de former og frekvenser der måtte ønskes i arbejdet med at opnå dynamisk bevidsthed. Reelle minder fra andre planetsystemer hører ind under denne kategori og vi kan også inkludere Michael Newtons klienter, om hypotesen med dybdepsykologisk materiale ikke tiltaler læseren. Erkendelsen af et PBTR i mennesket er ikke i modstrid med læren om *anatta,* for i PBTR findes der ingen selvidentifikationsmekanismer, kun potentialer. Der findes intet selv som observerer og sætter mulighederne i spil og alligevel er PBTR årsagsplanet for alle effektuerede tilstande i vores fysiske virkelighed. Potentialerne for alle handlinger er til stede, men de styres ikke af en form for selv på dette niveau. De er rene potentialer. Urgrundens PBTR folder sig ud og trækker sig sammen gennem selvskabende og selvopretholdende mekanismer. Ud af disse oscillerende bevægelser dannes de første betingede tilstande og nye betingelser tilføres gennem de niveauer potentialerne manifesterer sig igennem og på. Potentialet for en eller anden tilstand opstår, eksisterer og opløses, hvorefter nye tilstande opstår og eksisterer. På et tidspunkt vil visse potentielle tilstandsformer være så komplekse at de løsriver sig fra urgrundens PBTR og danner en enhed i sig selv med en del af PBTR som grundlag. *Enheden er ligeledes egoløs og kan bedst beskrives som et afgrænset felt af selvidentifikationsløs bevidsthed i varierende sammensætninger som udfolder de iboende muligheder.*

Dette felt er det tætteste vi kommer på et sandt selv i mennesket, men det er ikke en individuel matrix. Det er en kollektiv matrix og den udgør bevidsthedsgrundlaget for hele menneskeheden. Bevidsthedsmatricen er foranderlig, identifikationsløs og styres af de potentialer det fik med fra urgrundens PBTR. Bevidsthedsmatricen tiltrækker brugbare energetiske mønstre og danner energisystemer i forskellige tid og rum scenarier.

Komplekse bevidsthedsmatricer, der har samlet sig en fungerende helhed i tid og rum bestående af betingede energimønstre, vil danne et fokuseret bevidsthedspunkt, en styringsmekanisme i det samlede energisystem. Dette er det som danner jeget eller selvidentifikationsmekanismen. Men når det samlede energisystem opløses i tid og rum vender bevidsthedsmatricen tilbage til sin identifikationsløse tilstand uden for tid og rum.

Kun energimønstrene bærer minderne videre i form af betingning, sekvenser og koder indlejret i deres energier. Bevidsthedsmatricerne, *uden for tid og rum*, samler energimønstre *i tid og rum* for at udleve de iboende potentialer, som ligger i det afgrænsede PBTR, og det sker automatisk indtil alle potentialer i det afgrænsede felt er udlevet og opbrugt. Bevidsthedsmatricens afgrænsning opløses og den del af urgrundens PBTR, der blev indkapslet i det afgrænsede felt, optages atter i det samlede PBTR. Om dette PBTR, som opsamler de udlevede bevidsthedsmatricers PBTR, er det samme som urgrundens PBTR eller en helt anden tilstand af PBTR lader vi stå åbent til overvejelse.

Model over virkelighedens natur:

uden for tid og rum:

PBTR
(urgrunden - uafgrænset)
↓
Bevidsthedsmatrix
(afgrænset PBTR)

↓

inden for tid og rum:

Energimønstre
↓
Dynamisk energispektrum
(udstrålende energier)
↓
Kvantefelt
(teorier og sandsynligheder)
↓
Elektromagnetisk spektrum
(teoretisk, empirisk og målbart)

Når vi anskuer virkeligheden gennem den strukturelle bevidstheds briller, tager vores spekulative idéer karakter af hjernens strukturer, vores bevidsthedsniveau og hvor jeget pt. er aktiv i hjernens netværk.

Teorierne, vi udarbejder, afspejler de aktiverede områder i hjernen som vi så projicerer ud i idéer om rummets beskaffenhed og mulige afgrænsning. Vi ved i virkeligheden intet om virkeligheden. Vi ved kun noget om os selv. Og det vi ved, projicerer vi over i forståelsen af vores omgivelser. Idéer om virkelighedens natur og sammensætning dannes i samarbejde med SB. Vi rejser på de indre planer og tror, at vi har fundet svarene på alt som er. I virkeligheden har vi fundet et nyt lag i storhjernens energisystem, vi skal aktivere og integrere i forsøget på at forene hjernens og kroppens magnetfelt.

Men måske findes der livsformer som vælger at samarbejde med det menneskelige energisystem? Måske findes der mennesker som besidder et energetisk lag som ikke har oprindelse i Jordens energikomponenter, men som integrerer sig udefra og bliver en del af menneskets energisystem? Nedenstående vision kan stamme fra et energimønster, fra en af hjernens integrationsprocesser eller fra en bevidsthedsform som samarbejder med Jordens energisystemer.

Visionen er basis for de fleste af informationerne i dette kapitel.

Universets, solsystemets, Jordens og menneskets basale energisystem minder i princippet om hinanden. Grundstrukturen befinder sig på nonenergetiske planer og består af et potentialefelt bag tid og rum (PBTR) med et vist antal udgående linjer der minder om eger i et hjul.

I systemerne, indenfor universets afgrænsning, kan der maksimalt udgå 12 linjer fra PBTR. Hver udgående linje samt PBTR er ikke energi, men intelligible og rene potentialer. De udgående linjer indeholder et vist antal mulige eksistensplaner, hvor hvert eksistensplan er lig med en bestemt bevidsthedsform. En bevidsthedsform kan ikke adskilles fra det plan, hvor den udfolder sig. Linjerne udstråler filamenter af præbevidsthed i en fraktallignende struktur og hvert filament skaber grobund for en mindre gridstruktur der udvikler samme struktur. Det er et komplekst system bestående af større og mindre grids der alle udvikler, mere eller mindre bevidst, de 12 udstrålende linjer fra deres PBTR.

PBTR er det umanifesterede potentielle felt alle energisystemer kan tappe ind i. Det er oprindelsen til dem og ligger som en del af alle energisystemer. PBTR er grundlaget for enhver manifesteret enhed. Vi kan kontakte PBTR i vores egen energikrop (som ovenfor nævnt bevidsthedsmatricen), hvorved vi bliver i stand til bevidst at udfolde de 12 linjer i vores eget grid. Om vi formår dette, kan vi danne en 12 strålet sfære med PBTR som aktiv kerne. På den måde får vi adgang til enhver mulig tilstandsform, vi måtte ønske at manifestere.

Galakser er sfærer med vibrationsniveauer, øjet ikke kan se. De mange niveauer bølger ud fra de 12 udgående linjer og skaber en sfære. En galakses PBTR er at finde i dets centrum. I samme åndedrag kan vi sige at galaksens centrum er et bevidsthedspunkt tilkoblet et større grid, nemlig universets. Universet har på samme måde et eller flere bevidsthedspunkter tilkoblet et endnu større grid og fremdeles. Sorte huller kunne f.eks. være synlige effekter af potentialefelter bag tid og rum. Jorden har identisk struktur og dens kerne udgøres af PBTR på nonenergetiske niveauer. Jorden er et energetisk konvergens-punkt i solsystemets grid og tiltrækker energier fra mange andre systemer og niveauer, som alle planeter gør det. Mennesker, Jord, solsystem og univers er bygget over dette koncept med PBTR som kerne.

I andre virkeligheder og grids udfolder potentialefeltet sig i andre mønstre og strukturer, hvilket varierer i antallet af udstrålende linjer, energi- og bevidsthedstyper. Det er muligt at rejse på gridet. Jeg ser, hvordan bevidsthedsvæsenet (BV) ankommer til sin fødeby i en form for fartøj. Fødebyen er stedet her på Jorden, hvor BV vil integrere sig i et energisystem. Fartøjet er ikke en UFO, men en sfære skabt af en art bevidsthedsmateriale, jfr. PBTR modellen. Her på Jorden synes materialet at være stofligt, men det er det ikke. Det er min hjerne som projicerer kendte begreber ind i visionen sammen med en oplevelse af et jeg. Bevidsthedsvæsenet i visionen har ikke et jeg, men er dynamisk bevidsthed samlet i en sfære. Inden da er BV identifikationsløs og egoløs, i vores forståelse af begreberne. Essensen i sfæren er flydende, dynamisk og omskiftelig, fordi dets PBTR pulserer ind og ud mellem centrum og omkredsen i sfæren. Alle linjer i sfæren aktiveres derved. Tidspunktet og stedet er valgt, fordi et barn bliver født idet BV ankommer. BV's rejse er tilpasset fødselsøjeblikket.

BV har til formål at integrere sig i barnets energistruktur og dermed skabe et dynamisk jeg. BV, som et observerende subjekt, er ikke til før dets essens integreres i barnets energistruktur. Først her skabes der et bevidst jeg, et aktivt bevidsthedspunkt, gennem barnets energisystem med mulighed for opkobling til Jordens PBTR og dermed dets energetiske grid. Barnet er et naturligt produkt af Jordens autonome processer. Det opstår, lever og forsvinder når tiden er inde. I alle bevidsthedspunkter i gridet for tid og rum skabes matricer, hvor PBTR udfolder forskellige tilstandsformer. Det fremgår tydeligt at det sker af sig selv. Der er ingen styring eller intervention. Der findes højere bevidsthedsessenser som overordnet anvender gridet, men generelt udvikler energisystemerne sig efter lovmæssighederne i det enkelte system og de tilstedeværende udviklingsprincipper.

BV efterlader visse dele af sin sfære et bestemt sted udenfor Jordens grid, i et tilstødende grid som hører til andre virkeligheds-planer, hvorved dele af sfæren kan indhentes til integration, når det er tid. Indtil da har BV kun integreret visse dele af essensen i barnet. Barnets energisystem har direkte adgang til et PBTR, men kan ikke aktivere det uden et bevidst, udviklet og dynamisk jeg. Heri ligger forskellen på et menneskes udviklingstrin, dvs. om det er med eller uden et dynamisk jeg. Evolutionen udvikler den store menneskemasse gennem standardenergierne og når systemet er parat, skabes der dynamiske bevidsthedsvæsener heraf. Indtil da opstår mennesket som polypper eller udposninger af en overordnet sfære med et overordnet PBTR styret af Jordens energisystem. Hvert enkelt jeg, i standardfeltet, reflekterer Jordens gennemsnitlige bevidsthedstilstand.

Jeg forstår at BV og lignende væsener har bestemte teknikker til udvikling af et dynamisk jeg i energisystemer som Jordens, og at de opfatter menneskets energisystem som anvendelige redskaber til deres formål. Det er kun de dynamiske energiers sekvenser, de tager med sig, når de trækker sig ud. Resten overgår til energimønstrene i systemet, som de forlader når tiden er inde. Ikke nødvendigvis ved menneskets død. Det effektueres når opgaven er afsluttet. Det er også muligt at integrere sig i voksnes energisystemer, men der er større chancer for at energimønstrene har krystalliseret sig og mulighederne for at skabe et dynamisk bevidsthedspunkt bliver desto sværere. BV rejser alene og har tilsyneladende foretaget disse rejser mange gange. En vis vane og viden omkring forløbet præger visionens grundtone. Det virker som om BV skal samle op på en opgave eller et projekt, det har sat i værk tidligere. Dets opgave er ikke synlig. Det er en gå ind og gå ud opgave, men BV er nødt til at integrere sin essens i en krop for at kunne operere i Jordens energisystemer.

Alle eksistensformer interagerer med forskellige energityper i de forskellige grids fra tid til anden. Nogle gange bliver de udefra kommende essenser fanget i et af de energisystemer, BV'er integrerer sig i. Integration sker via tilkobling til de komponenter og energimønstre et system udgøres af. Om frekvensen i energimønstret bliver for statisk, inkluderes BV'ernes essens i mønstret og kan ikke trække den ud igen. De bliver da nødt til at følge stedets evolutionsprocesser, indtil de får et legeme, hvor de kan skabe et dynamisk bevidstheds-punkt. Det dynamiske energifelt tillader væsenet atter at trække på PBTR feltet og dermed højne energien i energimønstrene indtil essensen i dem kan kontaktes af den resterende del af sfæren. Det BV'erne efterlader, hæmmer ikke deres samlede funktionalitet. De indhenter den integrerede essens, når den er tilgængelig og kan trækkes ud på samme måde, som den blev integreret.

Beskrivelsen af galaksen og dets grid er måske en beskrivelse at energikroppen. Måske ser virkeligheden sådan ud på dette sted i ens bevidsthed, når man kobler sig på de receptive og dynamiske planers realitetsopfattelse. Det er uvist, men det bør ikke stoppe os i at arbejde med visionen. Visionen rejser en anden spændende vinkel på reinkarnation. Det tales om en form for *walk-in* efter fødslen. Tidspunktet er valgt på grund af en tilfældig forestående fødsel og ikke fordi barnet er en forlænget udgave af den integrerende livs-form. Der er en vis indforståethed omkring match af energisystem og det formål den integrerende essens ønsker af sit samarbejde med Jordens energisystemer. Visionen giver desuden hint til forståelsen af hvordan hjernen projicerer jeget ind i visionen, således at den har en forbindelse til ens selvopfattelse.

Hvorvidt visionen er sand eller blot et redskab til integration af mere energi, kommer ud på et. Arbejdet med alle typer visioner (reinkarnationsvisioner, drømmevisioner, idévisioner, inspireret viden osv.) vil integrere nye Hz i energisystemet, men der kommer intet godt ud af at identificere sig med hovedaktøren i en vision. Visioner er højtravende, eskapistiske og fjerner ens fokus fra dagligdagens gøremål. Fra livet generelt. Livet skal leves og håndteres i den form, det nu har. Ind i mellem livets trivialiteter svæver vi ud, og henter fornyet energi, i vores visioner og indre arbejde. Leger med vores jeg og vores selvopfattelse, således at den bliver mere fleksibel. Det øger vores selvobservans i handling, tanker, tale samt følelse. På den måde kan vi langt lettere kontrollere og styre vores indre følelses- og tankeliv. Vi ophører med at identificere os direkte med kroppens systemer og processer. Vi tager bevidst ansvar for vores processer og udvikler indre samt ydre impulskontrol.

Formålet med bevidst evolution og opfattelsen af virkelighedens natur som et potentialefelt følger *den positive psykologis* tankeform: Gennem forståelsen af de uendelige muligheder mennesket har, gives der grundlag for en forbedret livskvalitet, øget evne til at håndtere problemstillinger og balanceret sindstilstande oparbejdes i harmonisk udveksling med omgivelserne. Et veludviklet indre og ydre oplevelses-univers oparbejdes med fokus på forbedrede levevilkår for andre og en selv. Bevidst evolution er *ikke* en flugt fra realiteterne, men en måde at blive endnu mere nærværende og kompetent i samspillet med den virkelighed, vi er en del af, uanset hvordan vi opfatter den. Det kan ikke understreges nok.

Om karma

Evolutionen har frekvensforandringer og muligvis frekvensforøgelse i alle livsformer som mål, selvom det går langsomt. Dog har naturen skabt visse organismer med et utålmodigheds- og eller frontløbergen. De findes i alle variationer i naturen og har altid været der i en eller anden form. Man kunne postulere at sådanne arter er *the missing link* i evolutionsteorien. Det, som gør at et led i evolutionen udvikler sig hurtigere end et andet. At en gruppe, fra en art, pludselig rykker sig flere mil på evolutionsstigen og går fra en tilstandsform til en anden. Hos mennesket kunne vi kalde sådanne individer for normbrydere, energiudbrydere eller *evolutionshoppere.*

Evolutionshoppere, profeter, medicinfolk, fremsynede kvinder og mænd er født med potentialet til at bryde standardformen. De findes i alle kulturer. Til tider er de blevet dyrket som hellige og i andre er de blevet forfulgt som ondskabens yngel. Denne gruppe søger viden og teknikker med det formål at springe flere trin over i evolutionen eller at udvikle sig forbi samtidens normer. De gør det ikke af lyst, men af nødvendighed. De passer nemlig sjældent ind i de kulturelle rammer og normer de er underlagt, og søger derfor noget andet.

Evolutionshoppere bidrager til den samlede pulje af menneskelig energi og forandrer dermed standardmodellens udseende, men det er som regel ikke fysisk målbart i det liv, hvor forandringerne sættes i værk. Det er generationerne efter der høster frugterne af evolutionshoppernes energetiske indsats. En virtuel partikel, om den formår at samle energi til sin eksistens, vil fortsætte sin udvikling på det trin af kvantestigen hvor den har realiseret sig. Virtuelle partikler, som bliver permanente, kan medvirke til dannelsen af nye grundstoffer.

Evolutionshoppere fungerer efter lignende principper. Bare i hver sin form og på hver sin skala. Bevidst evolution ønsker at bidrage til evolutionshoppernes arbejde med at forandre deres energisystem og levevilkår, således at generationerne efter kan nyde godt heraf.

Det giver sig selv at udvikling af receptiv, og senere den dynamiske bevidsthed, får kroppens magnetfelt op i svingning. Den forøgede energi i organernes grid aktiverer nye lag i cellernes energimønstre.

PBTR ligger bag alle energimønstre og udfoldede tilstandsformer og cellen er ingen undtagelse. Mennesket glemmer ofte at det består af mange livsformer samlet i en organisme. Cellen er en livsform på en mindre skala. Cellen har sine egne organer, kaldet organeller, der består af cellekerne, DNA, ribosomer, mitokondriet, endoplasmatisk reticulum, golgiapparat, lysosom og vesikler bare for at nævne nogle få. Funktionsområdet i cellen defineres på allerinderste niveau af energimønstrene. Cellen er forbundet til menneskehedens PBTR via sit energimønster, og udvikler sig i overensstemmelse med dens del af evolutionen på Jorden.

Om man gør sig klart, hvor mange indgange et enkelt menneske har til PBTR, er det svimlende tal vi taler om. Hele kroppen er en portal ind til menneskehedens PBTR. Hver eneste celle er en indgang til nye potentialer. I meditative tilstande kan vi kontakte PBTR og lære hvordan feltet sanses. Senere kan vi med den dynamiske bevidsthed kontakte PBTR i os selv og begynde at omdanne cellernes inderste energistruktur til nye sammensætninger, vi kun kan drømme om.

Menneskehedens PBTR forandrer sig i takt med at universet og dermed Jorden forandrer sig, fordi potentialefelterne er forbundet med hinanden. De udfolder sig fra hinanden og fortætter med at være forbundet i en slags netværk. Fra galaksens centrum til cellens kerne. I vores lille del af universet er galaksens centrum, Jordens kerne og cellernes kerner forbundet.

Model over PBTR forbindelser:

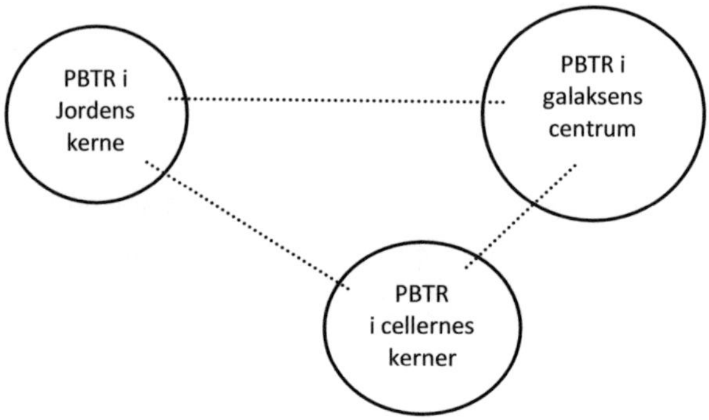

Hvis vi fastholder hypotesen om Big Bang, kan man forestille sig Big Bang er et resultat af en fusion mellem to større universer i en eller anden form. Det ligner teorien, hvor man tænker at Jorden blev til efter at to gigantiske planeter stødte sammen i vores del af universet. Eksplosionen herfra skabte både Jorden og energimønstrene bag dens evolution. Livets kodning og ophav ligger gemt i de forudgående universers eller planeters PBTR. Men virkeligheden kan som sagt se helt anderledes ud, da teorien om Big Bang meget vel kan være en projektion af den iboende hukommelse af vores egen begyndelse. Den yderste grænse af vores eksistens begynder med mødet mellem to større energisystemer, nemlig vores forældre.

Mangen en esoteriker har anvendt den *hermetiske* idé om at det store reflekteres i det mindre. Eller vi kunne erkende, at vi projicerer forståelsen af vores egen skabelse over på universets begyndelse. Bevidst evolution fastholder det sidste. Det er klart at det store ligner det mindre, når alt hvad vi opfatter, er en projektion af hjernens og jegets udviklingsniveau.

Grundstofferne er de sande byggesten for alt liv på Jorden, inklusiv planeten selv. De er trukket til Jordens energimønstre, og kvantefelt, fra andre dele af universet, måske som en effekt af de fusionerende planeter. Oprindelsen til energimønstrene i universets og Jordens former ligger gemt i fortidens hemmeligheder. Måske stammer de fra andre planeters fusioner eller måske stammer de fra noget helt andet. Det er underordnet. Det vil være ren spekulation og et udtryk for, hvor vi er i vores strukturelle bevidsthed. Vi lader det hermed ligge. Hvad vi kan forholde os til, er tingene som de fremstår for vore øjne nu. Selvfølgelig er også det vi ser spekulativt, men det er dog baseret på observationer foretaget gennem videnskab, intuition og studier fra flere års undersøgelser. Det er, hvad vi har at bygge vores hypoteser ud fra. Fremtiden vil give observationer baseret på nye forudsætninger og andre løsningsforslag vil fremkomme, f.eks. er bogens forståelse af energimønstre og PBTR hypotetisk, men om vi tør arbejde videre med idéen kan nye tankeformer måske vokse ud af hypoteserne. Nytænkning forandrer vores forudsætninger og måden, vi anskuer virkeligheden på.

Fastholder vi idéen, om at Jorden er resultatet af sammenstødet mellem to større planeter, stammer betingningen af Jordens energimønstre herfra. Jordens energimønstre ligger kodet ind i alle atomers grundenergi.

Forbindelsen fra Jordens PBTR, energimønstrene, kvantefeltet til atomerne danner broen fra den potentielle virkelighed til den faktisk manifesterede. Jordens PBTR og energimønstrene er dermed betinget af fortiden, hvorimod atomerne er betinget af Jordens nuværende energisystem, hvilket vi ser i kernekræfter, magnetfelt og tyngdekraft.

Energimønstrene ligger kodet ind i vores kroppe, fordi vi er skabt af Jordens materialer, helt ned til den mindste kvark. Vi består af Jordens og menneskehedens PBTR samt energimønstre som udgangspunkt. Det enkelte barns energetiske sammensætning betinges af stedet hvor det fødes, områdets gravitation, de elektriske strømme og magnetfeltets størrelse på det givne tidspunkt. Andre faktorer såsom kosmisk og planetarisk elektromagnetisk styring af energihierarkiet mellem menneskets PBTR, kvantefelt og atomare niveau spiller også ind. Universets energetiske tilstande påvirker Jordens, og dermed forældrenes energisystemer, og betinger de energimønstre som udfoldes i befrugtningsøjeblikket. Det, som trækkes ud af PBTR på tidspunktet hvor æg og sædcelle mødes. Energimønstrene i barnet betinges desuden af forældrenes energetiske tilstand og energimønstrene de repræsenterer, hvilket er det som bestemmer barnets genetiske anlæg. Mennesket er betinget af universets energisystemer og komponenterne, det består af, er i overensstemmelse hermed.

Dette er loven om årsag og virkning som bevidst evolution ser det. *Karma* er de potentialer vi har med os fra fødslen og de bestemmes af hvilke energimønstre, vi udspringer af. Den del af PBTR vi får med os, og det er alt sammen kosmisk og planetarisk bestemt.

Transmigration er cirkulationen af betingede energimønstre og komponenter med kodninger fra planetariske og universelle energisystemer. Mennesket er summen af disse forudsætninger som udgør dets talenter, grundlag og hvad det enkelte individ har mulighed for at opnå i livet. Betingningen strammes yderligere af det energetiske materiale generationerne inden har oparbejdet. Dette medvirker til menneskets udformning og betinger DNA'et og cellernes udformning.

Karma er ikke noget som følger individet, men er noget som følger generationer. Hver generation bearbejder energimønstrene ud fra deres tankerækker og følelsesspektrum, dvs. bevidsthedsniveau, samt måden de behandler kroppens energisystem på. Gennem arbejdsliv, kost, meditation, motion og meget andet forringes eller forbedres de energetiske komponenter en generation består af. Med andre ord skaber generationen inden den efterfølgende generations udviklingsmuligheder. Evolutionen kan springe en generation over, som vi ser det ved vigende arveanlæg, og så dukker effekterne op i generationer senere. Dette må bero på cirkulationsmekanismer eller automatisk udvælgelse af visse energimønstre i forhold til de komponenter en generation har at gøre godt med.

I de oprindelige vediske tekster fødtes mennesket, udviklede sig ifølge sin karma og døde derefter. Der var et liv. Bevidst evolution er enig heri med mindre man formår at løsrive sig. Menneskets tanker, følelser, minder, energier og komponenter flyder tilbage til Jordens energisystemer ved dødens indtræden.

Mennesket er ikke bare et energetisk individ. Det er et energetisk *produkt* af Jordens energisystem og den generation det tilhører. De betingede tilstande i mennesket tager sin oprindelse i de potentialer menneskehedens PBTR udfolder, de tilhørende energimønstre og tilstødende komponenter, men også tankeformerne i det kollektive bevidsthedsfelt definerer det enkelte menneskes karma. Begrebet dækker ligeledes over at menneskets liv og udviklingsvej styres af standardmodellens frekvens, det genetiske materiale fra forældrene og det omgivende miljø. Variationerne i den menneskelige genpøl, forskellige populationer og udtryk er produkter af menneskehedens energimønstre og kollektive tankeformer.

Fysiske og psykiske sygdomme, og enhver genetisk disponering for fysiske udtryk, er et kollektivt anliggende. Mennesket ser ud, som det ser ud, fordi det var den del af energimønstret der var parat til at manifestere sig baseret på generationernes karma, områdets energi og menneskehedens PBTR. Vi er udtryk for Jordens energisystem, med de fejl og mangler, vi selv er med til at lægge ind i den. Vi er alle ansvarlige for det udtryk menneskeheden har og vil få. Jo mere vi udvikler os selv, og energierne i os, desto finere sammensætninger og udtryksformer vil fremtidens menneskehed have. Det bør sætte en tankerække i gang. Desuden tilpasses menneskets form variationerne i de elektromagnetiske felter, tyngdekraft, solens stråler og andre planetariske faktorer i de pågældende områder. Erkendelsen af dette fjerner separatistiske holdninger til det som er anderledes. Der er ingen personlig skyld eller guddommelig straf, kun kollektive og planetariske energetiske tilstande. Vi kan ændre på menneskehedens energimønstre, men det kræver flere af os om vi skal aktivere større forandringsbølger for at gøre en forskel i vores generation.

Den receptive bevidsthed løfter kroppens energisystem, men det er den dynamiske bevidsthed som reelt formår at kommunikere med PBTR, forandre energimønstrene og anvende menneskets fødselsret. At forandre alt hvad man er, til noget helt andet. Forandringen af kroppens energisystem, bevidsthedens forskellige former og psykens, inkl. jegets, fantastiske muligheder for at udvikle sig selv og sin del af omverden, er de muligheder vi kan få adgang til, om vi vil.

Dynamisk bevidsthed

Bevidst evolution er en byggeproces, hvor gamle tankeformer skiftes ud med nye, og hvor energisystemets kompleksitetsgrad forøges over tid. BE tager udgangspunkt i bevidsthed og energetisk intelligens, dvs. evnen til at kunne anvende, omsætte og fortolke energi. Den første forståelse af bevidstheden retter sig mod menneskets erkendelses-processer, hvor den anden retter sig mod elektromagnetiske spektre og intelligensen skjult her. Atomet eller energi besidder en form for intelligens, vi kan kommunikere og interagere med. BE's hypotese er derfor at mennesket har bevidsthed, energi har energetisk intelligens og at vi kan kommunikere direkte med energi via vores bevidsthed.

Vi har talt om at dynamisk bevidsthed (DB) dannes når receptiv og strukturel bevidsthed samarbejder om fortolkningen af de dynamiske energispektre. DB er en del af det elektromagnetiske felt i mennesket og omgivelserne på ukendte frekvensniveauer. De dynamiske energi-spektre figurerer ikke i videnskabens begrebsverden, fordi spektrene ligger udenfor deres fokusområde. Energispektrene kan derfor være uopdagede målbare størrelser. Eller de kan være ikke-målbare energi-kilder eller udstrålingsfelter fra masseløse energetiske fænomener og livsformers subtile mekanismer, såsom bevidsthedsprocesser, tanke-virksomhed og emotionelle reaktioner. Uanset hvad de dynamiske energispektre anses for at være, findes de i Jordens energisystem og i alle livsformer, fordi de er en effekt af intelligent energibearbejdelse.

Vi har uddybet vores forståelse af at strukturel bevidsthed skabes og udvikles gennem tankeformer, og at receptiv bevidsthed skabes og udvikles gennem energimønstre. SB og hjernen er vores redskab til at registrere og bearbejde omgivelsernes elektromagnetiske spektre. RB registrerer og bearbejder de dynamiske energispektre, og forskellen mellem dynamisk og receptiv bevidsthed ligger i forbindelsen til SB. Barnet anvender ubevidst RB i samspil med det omgivende miljø og primære omsorgspersoner, men det er koblingen til SB og den deraf bevidste integration af de dynamiske energier, som fører til højderne i DB. Uden SB kan RB's sansninger ikke omsættes til bevidst energiakkumulation i energisystemets magnetfelter.

Forøget energiomsætning i CNS, PNS og i alle andre celler fører til større aktivitet i magnetfelterne, fordi energiernes intelligens vokser, deres aktivitetsområde inkluderer mere energi og udstrålingssfæren forøges naturligt herved. Oscillerende bevægelser ind i PBTR fører til at nye potentialer kontaktes. De danner nye energimønstre, udvikler yderligere energetisk intelligens og eksisterende energimønstre i det menneskelige energisystem tilføres nye frekvenser og udfoldelsesmuligheder.

Menneskets samlede energisystem:

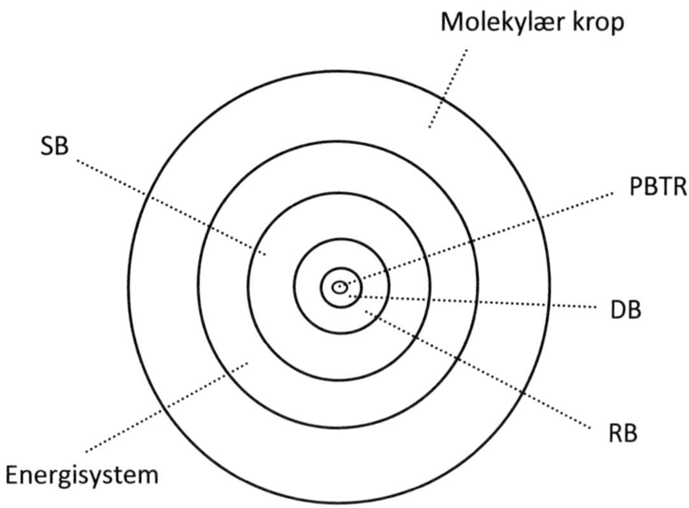

PBTR er et forstadie til andre bevidsthedsformer i mennesket, men vi kan først udvikle disse bevidsthedsformer og virkelighedsopfattelser, når vi har synkroniseret de fem basale lag i mennesket. De fem lag, plus kernen, er BE's fokusområde og de er grundlæggende frekvensniveauer vi skal mestre for virkeligt at kunne udvikle vores potentialer sammen med Jordens energisystem. BE er første skridt på vejen i en række af udviklingsmæssige tilstande et menneske kan opnå, i og udenfor Jordens energisystem.

Bevidst evolutions energisystem, bevidsthedsformer og molekylær krop følger yogafilosofiens model. De to modeller kan ikke sammenlignes 100 %, men en oversigt vil alligevel være gavnlig:

Bogens model:	**Yogafilosofiens model:**
Molekylær krop	*Annamaya kosha (madhylstret)*
Energisystem	*Pranamaya kosha (pranahylstret)*
Strukturel bevidsthed	*Manomaya kosha (mentalhylstret)*
Receptiv bevidsthed	*Vijanamaya kosha (buddhi, intuition)*
Dynamisk bevidsthed	*Anandamaya kosha (saglighedshylstret)*
PBTR	*Self*

De fem hylstre består af *maya*, og anses for at være uvirkelige og omskiftelige, hvilket hinduordet ma-ya betyder (not-that). Det ligger i mayas natur at være reaktiv og betinget, ikke en realitet i sig selv, set i forhold til selvets uforanderlige eksistens.

Til forskel fra yogafilosofien er der i vores model intet højere selv som anvender energisystemets fem lag, men et PBTR og samspillet hermed. Lagene er det som manifesterer sig, og vi forstår og sanser lagene via de tre bevidsthedsformer. Bevidsthedsformerne opstår af lagenes energetiske intelligenser i samspil med magnetfeltet omkring hovedet, hjernen og kroppen. Mennesket er et energetisk samlingspunkt i tid og rum, en portal og et udtryk for Jordens energisystem.

I meditation eller stille kontemplation kan vi række ind til PBTR. Det kan sanses selvom det ikke ser ud som andet end et mørkt rum. Det er uendeligt, hvorfor *rum* og *kerne* ikke er korrekt. Kernen rækker ud over alle lagene, fordi det ligger bag alt og igennem alt som er. Igen, det er misvisende at tale om størrelse. I princippet kan PBTR have størrelsen af et kim eller en ært, men potentialerne i det gør at feltet synes gigantisk. Illusionen opstår ved at hjernen opfatter PBTR som uendeligt stort, grundet den kraft som findes der, men PBTR er uden for tid og rum, og har derfor ingen udstrækning i fysisk forstand.

Man *føler* PBTR samtidig med at man *ser* det. Det er også muligt at *lytte* til det. Ørerne hører intet, på samme måde som øjnene heller intet ser. Det er indre hørelse og syn, vi her taler om. Om vi lytter med både hjerte og sind (de to magnetfelter aktiveres), dvs. rækker vores bevidsthedsformer ind i PBTR, kan vi *sanse* det med RB, *forstå* det med SB og *interagere* med det gennem DB.

Vi fornemmer at der er en form for *viden* til stede i PBTR. Måske opstår fornemmelsen af *viden* gennem vores kontakt med feltet, fordi det reflekterer os selv? Eller måske projicerer vi viden ind i PBTR? Det er ikke til at sige. Der kan faktisk ikke siges så meget om det. Vi kan kun spekulere og skabe tankeformer omkring det. Søge at forstå det, men ord ødelægger mere end de gavner. Det er bedst blot at sanse det. At sidde der i stilheden og sanse PBTR er en fantastisk oplevelse. Den enorme kraft er nærværende, samtidig med at den er svævende og blid. Jo mere man række sin dynamiske bevidsthed derind, desto tydeligere kan man begynde at fornemme en form for substans i PBTR. Substansen har DB mulighed for at udtrække og integrere. DB udbygges indefra af substansen og supplerer de udefra kommende energier som skabte grundlaget for DB. Det specielle ved DB er at den skabes udefra, men vokser indefra.

Substansen fra PBTR flyder ind i energisystemet, hvor DB tager sit udgangspunkt og ser ud som om den indeholder koder og symboler. Substansen rammer dernæst hjertet og bringer tårerne frem, herefter rammer den sindet og en følelse af udvidelse finder sted. En blid saglighed opstår i organismen. Ro og harmoni følger af substansens integrationsproces. Energien til PBTR går gennem DB, men det er via hjertets magnetfelt, hjertet selv og blodet at substansen integreres i kroppen og hjernen. Hvor aktiveringen og forøgelsen af energi skulle ske oppefra og ned, sker integrationen af substansen fra PBTR indefra og ud. Elektromagnetisk energi øger menneskets frekvenser, for at det kan kontakte substansen i PBTR.

Lad os se på hjertets energisystem.

Hjernen og hovedet er omgivet af et magnetfelt. Det skabes via hjernens bølgeaktivitet. Jo mere aktivitet hjernen genererer, desto mere energi fyres der af i dens netværk, hvilket igen skaber et større magnetfelt. Et højfrekvent magnetfelt rækker længere ud i det kollektive bevidsthedsfelt, og absorberer større mængder energi, der igen omsættes til neural aktivitet. Hjertet følger en lignende model, forskellen ligger blot hvorfra energien trækkes.

Billedet af *Augustus D. Waller, 1887-88* viser hjertets magnetfelt:

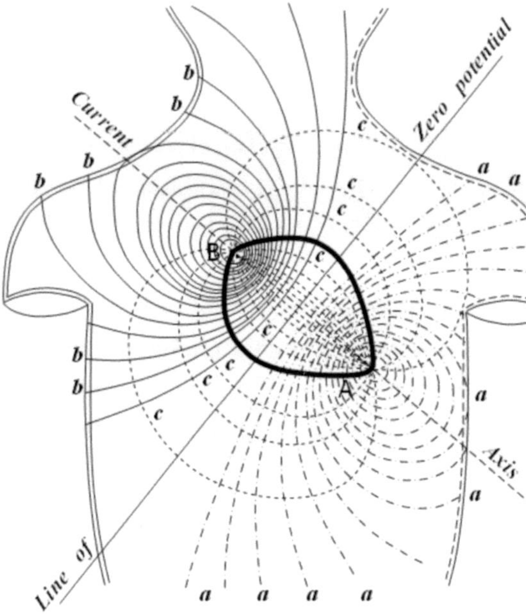

Hjertet er kernen i kroppens magnetfelt og centret for den receptive bevidsthed. Hjertet og PNS står i forbindelse til hjernen, hvilket vi så i forrige kapitel. Begge systemer anvender elektriske impulser og de er derfor disponeret til at blive aktiveret af hjernens magnetfelt når CNS kører op i energi. Det første organ, efter PNS, som vågner af sin dvale er hjertet. Derved aktiveres den receptive bevidsthed og via denne forøges kroppens magnetfelt. Senere, når flere organer er aktiveret, vil de andre organer også være med til at udvikle magnetfeltet. Vores mål, i første omgang, er derfor at få kroppens magnetfelt i aktivitet ved at forøge hjertets, PNS og organernes energinetværk gennem de dynamiske energispektre. I begyndelsen er det svært, på grund af standardfeltets styring af energisystemet i kroppen, men meditation og kommunikation med organerne opøver evnen til at integrere energi. Hjerterytmen forstyrres ofte i tilslutningsprocessen. Den forøgede anvendelse af energi i hjernens magnetfelt har det med at trække energi fra hjertets magnetfelt indtil de to felter er i balance.

Hjertets elektriske system består af forskellige dele. Der er sinusknuden som sender elektriske signaler til AV-knuden. AV-knuden kommunikerer gennem fine Purkinjefibre til resten af hjertets væv. Disse udgrener sig fra det His'ske bundt. Sammenfattet er det hjertets ledningssystem. Hjertets celler minder om hjernens, forskellen ligger i spredningen af impulserne. I hjernen springer de elektriske impulser via cellerne og danner en lineær aktivitet, men i hjertet kan enhver celle inducere aktivitet i de omkringliggende celler som ringe i vandet. Nedenfor en afbildning af hjertets ledningssystem.

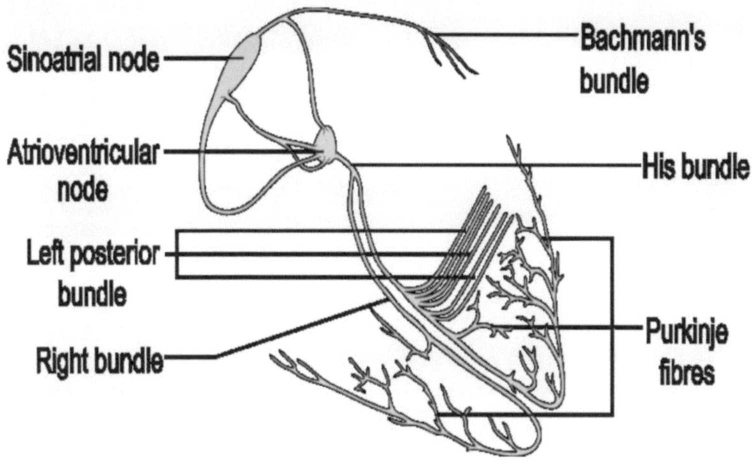

Wikipedia (Heart)

Den første del af hjertets funktionsområder er at fungere som pumpe og cirkulere blodet rundt i kroppen. Den anden er som hovedsæde for den receptive bevidsthed og kerne i kroppens magnetfelt. Hjertets tredje funktionsområde består i integration af substansen fra PBTR.

Fra hjertet føres den *kubiske sekventielle bevidsthed* (KSB), som er bevidsthedstypen substansen aktiverer, ud i kroppen gennem blodets ledningssystem. *Geometrisk Alkymisk Psykologi* (GAP) er næste bog i rækken, hvor vi ser på den videre udvikling af menneskets energisystem.

GAP kan sammenlignes med begrebet *den levende visdom*. Den levende visdom vokser ud af PBTR og transformationsprocesserne KSB sætter i gang. Dybdegående harmoni i menneskets energisystem og forståelse af dybere lag af den verden, vi er en del af, følger med KSB. Ånd, KSB og den levende visdom. Betydningsforskellene ligger i tankeformerne bag, de retninger og ideologier de tilhører, men mon ikke de i bund og grund taler om det samme?

Formålet med BE, synkronicitet og vores fremtid

Det gode spørgsmål, om hvorfor vi skal efterleve idéerne i bevidst evolution, venter på en besvarelse. For om der ingen mening er med livet, ingen gud eller guder at skulle stå til regnskab for, intet højere selv og formål gennem personlig reinkarnation, ingen himmel eller helvede, ingen engle eller dæmoner, hvorfor i alverden skulle vi så gøre os alt besværet?

Spørgsmålet er let besvaret med en række modspørgsmål: Hvorfor undersøger videnskaben naturens sammensætning, kemi, virkemåder og fysik, når der ingen mening skal være med det? Hvorfor træner en maratonløber? Hvorfor gå til psykolog? Hvorfor spise sundt og leve fornuftigt?

BE giver en forklaringsmodel på hvordan mennesket er energetisk sammensat, og hvordan vi konstruktivt kan arbejde med os selv og vores omverden. Simpelt, enkelt og ligetil. BE giver den enkelte mulighed for en anderledes kontekst og måde at leve sit liv på. En kontekst som tager udgangspunkt i vores energisystem, vores ansvar for egen udvikling og det vi kan blive til i overensstemmelse med evolutionens og Jordens kræfter.

Andre argumenter kunne være at forstå virkelighedens natur på en anden måde eller at udvikle kompetente, harmoniske og sunde livsformer. BE fører til konstruktive bidrag som gavner fællesskabet. BE påpeger et behov, i individet og i fællesskabet, for at fokusere på en udvikling af Jorden, naturen og dens menneskehed i overensstemmelse med de højeste potentialer. At leve efter BE's principper er at tage ansvar for sig selv og den kontekst man eksisterer i, fordi det giver mening for en. Det er så logisk og lige til, at der ikke behøver være et guddommeligt formål. Idéen og formålet er nok i sig selv. Det er en tankeform uden skyld, synd og straf. Tankeformen bag BE viser os hvordan hjerne og krop samvirker for at følge evolutionens træk, men BE fordrer også at vi skal *se tingene som de faktisk er*. Kun når vi forstår os selv, forstår og ser vi virkeligheden som det, den faktisk er. Og den er så meget mere end vi tror. Menneskets muligheder er mangfoldige. Fællesskabets indhold og udseende lige så.

Menneskets udfoldelsesmuligheder begrænses af psykologiske mekanismer baseret på underudviklede og forvrængede individuelle og kollektive tankeformer. Vores virkelighedsopfattelse styres af projektions- og selvidentifikationsmekanismer. Jegets og SB's søgen efter forståelse projiceres ind i konteksten omkring os. Referencerammerne, vi anvender, er disharmoniske og mangelfulde. Det står ethvert menneske frit for at opdage livets dybere mening og formål i sig selv. Det er muligt *at være lamper i jer selv*, som Buddhaen sagde. Med andre ord behøver vi hverken en guru, et læresystem eller ydre vejledning. Mennesket har det hele i sig selv, men det skal udvikles og trænes.

At arbejde med kroppens energisystem, som det tager sig ud uden chakralæren og et højere selv, med det formål at optimere sin krop, sit sind og sit liv er formål nok i sig selv. Meningen med tingene dannes alligevel ud fra, hvor den enkelte er i sin hjernens udvikling.

BE taler ikke for et materialistisk perspektiv, men for eksistens uden anden mening end *et enkelt* liv fyldt med harmoni og fyldestgørende indhold. Et liv som leves i overensstemmelse med andre livsformer, evolutionen og Jordens energisystem med det formål at gavne samtiden og efterfølgende generationer. *Det er væsentligt at forstå dette: Selvom der skulle findes individuel reinkarnation, i en eller anden form, vil vi aldrig igen blive den, vi er i dette liv. Vi er dem, vi er, i dette ene liv. I et andet liv, er vi en anden og har ingen viden eller hukommelse om hvem og hvad vi har været før. Selv læren om atman taler om at det højere selv er i en anden form eller bevidsthed end jeget i kroppen. Det er en parallel bevidsthed på eksistensplaner hinsides den menneskelige tilværelse. Uanset tankeform, så forsvinder jeget, når vi dør. Den, vi er i dette liv.* Idéen om et fortløbende selv er en illusion jeget skaber for at omgå angsten for opløsning.

Når mennesket dør opløses kroppen til de grundstoffer den blev dannet ud af. Magnetfelterne integreres i det elektromagnetiske felt og bevidsthedsprincipperne overgår til de dynamiske energispektre. Alt flyder tilbage til planerne, hvorfra det kom fra.

Måske der findes liv på disse planer. Det vides ikke. Skabningerne, som meditation og den udviklede hjerne sætter en i kontakt med, hører til den strukturelle bevidsthed og er langt hen ad vejen *ikke* livsformer i sig selv. Det er hjernens gestalter og dannes med det formål at integrere energi gennem subjekt-objekt relationen.

Men når det er sagt, er arbejdet med energi og virkeligheden i sig selv en opdagelsesrejse. Vi er så heldige at leve og have mulighed for at udvikle det liv, vi drømmer om eller ønsker gennem BE. Det er en viljes- og træningssag. Det er et valg.

Gennem arbejdet med vores virkelighed er der et punkt, vi ikke har berørt, nemlig synkronicitet. *Synkronicitet* er et begreb C. G. Jung gav navn til. Det rækker ud over den psykoanalytiske kontekst. Jung havde en fortløbende dialog med W. Pauli i ønsket om at forstå virkelighedens natur og princippet om *akausale hændelser* gennem kvantemekanikkens principper.

Bogen ser det således: Synkronicitet er et naturligt fænomen som opstår når magnetfeltet omkring hovedet er stærkt nok. Subjekt-objekt relationen ophører via interaktionen mellem hjernens magnet-felt og Jordens magnetfelt. Grænsen mellem Jordens og menneskets energisystem ophører. Virkeligheden består af elektromagnetiske og kvantemæssige tilstande og selvfølgelig kan mennesket, om energien er intens nok, påvirke disse tilstande gennem sit magnetfelt.

Kvantemekanikken åbner op for interferens på inderste niveau, inklusiv i mennesket. Der er intet mystisk eller magisk ved dette. Det er dog en lovmæssighed, vi endnu ikke kan beherske. Men hvad sker der når Jordens magnetfelt påvirkes udefra eller fra mekanismer stammende fra Jorden selv?

Vi bør spørge os selv dette spørgsmål, fordi Jordens magnetfelt ændrer sig i vor tid. Fra at have været stabilt i lange tider, indenfor et bestemt frekvensområde, forandrer Jordens energisystem sig.

Når frekvensfeltet omkring Jorden ændres, ændres vores hjerners måde at fungere på. Dette er evolutionært og kosmisk bestemt – ingen gud eller højere intelligens her, med mindre vi skaber ideer om planlagt løft osv. hvilket kunne ligne os, da hjernen altid søger at danne meningsfyldte rammer til det som sker. Det er mestendels energiernes dans i det kollektive bevidsthedsfelt, vi henter ind, når vi modtager kanaliseringer og omsætter dem til entiteter der taler til os om fremtiden og det, som sker. Hjernen danner passende gestalter og tankeformer til energierne, så vi kan forstå forandringerne.

Evolutionen handler om forøgelse af energiniveauer omkring og i os og produktet er en effektiv hjerne. Hjernen danner komplekse ideer, tankeformer og paradigmer. Menneskeslægten opfatter disse som sandheder, da alle påvirkes af samme energi på samme tid. De med habitus hertil omsætter energierne til teorier og resten følger de kloge hoveders konklusioner.

De kosmiske energiers frekvensområder vil få en større effekt på Jordens energisystem på grund af det aftagende magnetfelt. Måske det aftager som en del af universets evolution, baseret på almindelige fysiske og matematiske principper. Måske på grund af andre faktorer. Den kollektive indstrømning af energi, enten udefra eller indefra (det afhænger af om vi antager kvante- eller kosmiske mekanismer), skaber en kollektiv påvirkning af hjernen. Nye paradigmer vil opstå heraf. De mange teorier afhænger helt og aldeles af den hjerne som udvikler sig inden for den eller hin tankeretning.

Sidst, men ikke mindst, er der de mange kunstige vekselstrømsfelter mennesket skaber via sit overforbrug af el. De kunstige felter fra husholdningsapparater, mobiltelefoner, Internet, satellit, radio og alle de andre former for elektriske anordninger har givetvis en indvirkning på vores energisystem. Felterne kan skabe overgearede elektromagnetiske reaktioner i vores krop. Vi ved bare ikke hvordan endnu, men det er noget vi bør tage stilling til både i den alternative og almindelige begrebsverden. El-allergi viser sig i symptomer som prikken, kløe og svien i huden, hovedpine, svimmelhed, træthed, mavekramper, hjertebanken og ledsmerter. Symptomer vi også finder på Internettet som reaktion på *ascension*, ny energi og løft af Jordens energifelter. Måske er det overforbruget af det elektromagnetiske spektrum som fører til forandringerne i Jordens magnetfelt og øger frekvenserne i menneskets energisystem?

Mennesket er omvandrende mobiltelefoner med superfølsomme antenner og herudfra dannes billeder, beskeder og samtaler med energierne. Vi omsætter den øgede energitilførsel til tanker, ideer og paradigmer. Vi er på vej til at blive sensitive og clairvoyante energikanaler, som resultat af den elektromagnetiske smog i omgivelserne.

Den lokale galskab ved at blive global. Når flere bryder rammerne for normal adfærd, ændres retningslinjerne for normalitet. Om flere påvirkes af den forandrede elektromagnetiske totalfrekvens bliver flere sensitive, får visioner og oplever ubehag derved. Men det er ikke nødvendigvis tegn på højere bevidsthedstilstande. Hjernesvulster kan producere de samme visioner og evner verdens hellige, alternative behandlere og esoterikere har haft.

BE er ikke ude på at aflive det sakrale og mystiske ved tilværelsen. Vi skal bare forbi hjernens selvskabte sanse- og billedverden ud til der, hvor vi erkender udenom vores hjerne og dens forudindtagede opfattelse af verden, om det kan lade sig gøre.

Vi har et magnetfelt skabt af ukendte mekanismer i Jordens indre og Schumann resonansen, der ligger mellem Jordens overflade og ionosfæren omkring Jorden. Da Schumann resonansen ligger i det lavfrekvente område på samme vis som vores hjernes frekvenser gør det, er det nærliggende at antage at vores bevidsthed og Schumann resonansen har en vis sammenhæng og påvirker hinanden.

Da vejret, ionosfæren og Schumann resonansen har sammenfald i frekvensområdet er vi der, hvor vi kan forestille os at menneskets tankeformer meget vel kan udøve en vis påvirkning på vores klima. Om man tør arbejde med at tanker fra hjernens magnetfelt påvirker det omgivende magnetfelt i en sådan retning. Måske de forestående klimaforandringer skyldes mennesket selv, mere end overforbruget af CO_2 og NO_2?

Jordens magnetfelt beskytter livet på Jorden mod gamma- og anden højfrekvent stråling fra rummet, men om Jordens magnetfelt ændres grundet polskift, kraftige jordskælv og andre mekanismer vi ikke er herre over, vil de højere frekvenser trænge igennem magnetfeltet og påvirke Jordens klima, planteliv, dyreliv og mennesket. Standardfrekvenserne, vores celler er linket op til, vil forandre sig. Vi er underlagt en indre og ydre påvirkning af vores standardsystem. En fra os selv, om vi ønsker det, og en fra Jordens side af.

Vi er vedhæftet Jordens energisystem som udposninger, appendix eller polypper. Jorden og vi er en sammenhængende organisme. Det er kun den strukturelle bevidstheds vildfarelser som har ledt os på vildveje og fjernet os fra vores sande ophav, nemlig Jorden. Jorden er det større noget vi længes efter at tilhøre. Ikke fjerne planetsystemer eller andre virkelighedsplaner. Som udgangspunkt kan vi sagtens finde lykke og frelse gennem et tilhørsforhold til Jorden selv. Mange af fortidens folkeslag har følt dette tilhørsforhold som Jordens børn.

Den naturlige forståelse for Jorden og dens spilleregler forsvandt fra vores bevidsthed på et eller andet tidspunkt i verdenshistorien. Vi begyndte udelukkende at fokusere på de menneskelige kvaliteter. Menneskeheden blev vores et og alt. Jorden blev glemt som vores ophav, vores grundlag og den legeplads, hvor vi kunne udfolde vores menneskelighed. Jordens klimaforandringer, om det så stammer fra kosmiske påvirkninger, fra Schumann resonansen og det kollektive bevidsthedsfelt eller fra kvantefeltet, tvinger det os til at genopdage Jordens magnetfelt som en del af vores energi.

I det øjeblik RB aktiveres vil vi føle os hjemme på Jorden igen. Det er kun den strukturelle bevidstheds illusioner, vi er omtåget af. Vi har altid været hjemme og vi er børn af Jorden. Vi udnytter kun en brøkdel af vores egen kapacitet, men også kun en brøkdel af Jordens. Vi vil lære nye sider af Jorden, vi ikke drømte om fandtes. Jorden er glæde, leg og skønhed. Det har den altid været og det er den endnu. Sorgen, mørket og alt det negative findes i menneskehedens tankeformer – ikke i Jordens energisystem.

Jorden er ikke et lidelsens sted eller helvede, som nogle retninger taler om. Tankeformerne hertil stammer fra vores egne tanker, den kollektive frygt samt den umodne holdning til livets udfordringer de fleste mennesker har. Barnet i os raser mod *Moder Jord*, som var den en uretfærdig forælder, men det er ikke Jorden vi skal klandre.

Uretfærdighed gror ud af de samfundssystemer, vi har skabt, og er en udløber af menneskehedens selvskabte begrænsninger.

Vi behøver ikke Mestrene, UFO'er, liv på andre planeter, stjernebevidstheder, Astharkommandoen og andre spirituelle tankeformer. De minder i forbavsende grad om datidens guder, som mennesket dyrkede i forsøget på at finde mening med tilværelsen. Vi har Jorden og dens energetiske system, vi kan udfolde os i og gennem. Jorden er alt hvad vi behøver for at finde noget større, finde lyksalighed, oplysning, udvidelse og rummelighed. Vi har overdraget vores personlige kraft, vores fødselsret til menneskehedens kollektive tankeformer baseret på grådighed, frygt og materiel velstand. Men vi er så meget mere og vi har en fantastisk Jord, vi kan udfolde andre samfundssystemer og eksistensformer på.

Profeter og hellige folk har altid talt om Jordens undergang og diverse spirituelle katastrofer for at få resten af menneskeheden til at vågne op. Der tales, i vor tid, om intervention fra galaktiske grupper, mestre i Startrek uniformer og moderskibe svævende i 5. dimension. Utallige gange har beåndede troende forudset Jordens undergang, inklusiv evangelieforfatterne og måske endda Jesus selv. Det er ikke nyt - det er hørt før i alverdens kulturer og myter. Den eneste forskel i de kollektive tankeformer i fortiden og nutiden er gudernes fartøjer, attributter og deres påklædning.

Vi behøver ikke vente på at møde Asthar eller en Mester for at bryde afstanden mellem os og Jorden. Vi er der allerede og har været der hele tiden. Vi er barn af Jorden, koblet direkte op på Jordens energisystem og kan i samhørighed hermed udvikle alle frekvenser, vi måtte finde givende. Vi tilhører Jordens evolution og systemet bag. Vi er allerede en del af det hele. Vi har bare glemt det.

Selvfølgelig findes der liv på de højere dimensioner og Jorden er vores indgangsbillet til dem. Jorden rummer alle dimensionerne selv. Forhindringen ligger i menneskehedens virkelighedsparadigmer. Vi skal vågne op og gribe ud efter energien gennem udvikling af vores magnetfelter. Og skulle det vise sig at der ikke findes liv på andre planeter, at mennesket er den ene usandsynlige tilfældighed eller anormalitet i hele universet, ja så ændrer det intet på præmissen.

Vi er stadig børn af Jorden og Jorden er vores hjem.

Vi er, hvem vi er i dette liv. I et andet liv er vi en anden, og set ud fra den synsvinkel, har vi kun dette ene liv. Kunne det ikke være en idé at starte med at leve det? Sammen med det store system, vi er en del af? Til Jordens bedste? Til menneskehedens og andre livsformers?

Hvilke nye visioner kan vi skabe for et bedre samfund, hvor alle har mulighed for at bedre liv? Hvor det frie valg faktisk eksisterer. Når man tænker over det, hvor meget frit valg er der i de samfundssystemer vi har skabt, når alt kommer til alt? Vi har kun valg indenfor rammerne af standardfrekvensen, i forhold til det vi har lært, kopieret og introjiceret fra vores omgivelser. Er det den frie vilje?

Den frie vilje sættes først i aktion, i det vi løfter os ud af standardfrekvensområdet og begynder at samspille med Jordens mange andre frekvenser. Påbegynder bevidst evolution. Der, hvor ny energi er til rådighed, hvor nye frekvenser ligger og venter på nye ideer, nye skabeloner for evolution og bevidsthed. Der, hvor livet bliver levende og ikke bare en kedelig gentagelse hver dag.

Kroppen fungerer efter balanceprincippet og er der bevægelse i omgivelsernes energi, søger kroppen med det samme at tilpasse sig. Det er genialt, om omgivelserne bevæger sig med evolutionen, dvs. Jordens egen energetiske udvikling. Jordens udvikling reflekteres i dens magnetfelt og de livsformer, de forskellige energetiske spektre giver mulighed for. Jordens energisystem er underlagt solsystemets udvikling, der er underlagt galaksens og fremdeles.

Når galaktiske energier og netværk forandrer sig som følge af sorte huller, døende og nye stjerner, eksplosioner af hvide dværgstjerner osv., forandrer det kvante- og energifelternes forhold og interferens på mindstebestanddelsniveau af vores virkelighed. Disse forandringer vil med sikkerhed påvirke vores Jord indenfor et givent tidsrum. At det tidsrum så overstiger vores menneskelig livslængde og vi dermed tror, at universet er stabilt og statisk, er heldigvis ved at ændre sig med de årelange observationer videnskaben har bidraget til.

Vi taler ikke bare om universets udvidelse, om det har saddeltaskeform, tragtform eller ballonform, bestemt af det mystiske mørke stof som det kaldes, fordi vi ikke kan måle det endnu, men om energier på kvanteniveau og endnu dybere. Det er heller ikke spørgsmål om stof og antistof, da disse reflekterer livets diversitet og symmetri eller mangel på samme. Vi ser det i Yin og Yang symbolet, for selvfølgelig, om der er et e+ må der også være et e-.

De globale forandringer er begyndelsen på det store samarbejde mellem os og Jordens energisystemer om vi vil, og om vi tør, tage ansvaret på os. Vi skal ikke frygte det som Jordens undergang, men se på det som muligheder for ny menneskelig interaktion med naturen og Jorden. Derfra ligger helt uopdaget land, nye områder af hjernen og nye funktionsområder for kroppen. Vi kan kun gisne om hvordan vores kroppe forandrer sig, i takt med at højere energier integreres i vores celler, tillader nye former for elektrokemiske impulser, nye former for informationer at vokse i kroppens grid og stof.

Giv slip, gå på opdagelse, bliv en del af Jordens energisystem igen, og se hvad der så sker. *Menneske kend dig selv og den planet, du lever på* er første og vigtigste skridt i al udvikling. Vi skal forstå os selv og det system, vi er en del af og få disse to dele til at spille optimalt. Derfra vil vi være på vej mod en ny virkelighed. Velkommen til Livet!

Merak og Aida

Følgende er uddrag af mine samtaler og vejledninger fra Merak og Aida. Det er karakteristisk at arketyper og sindets gestalter fører samtaler med os som de var levende væsener, men hvorvidt Merak og Aida er arketyper, kreationer af mit sind eller noget helt andet, vil jeg lade være op til læseren selv at vurdere. Samtalerne er skrevet præcis som de udfoldede sig mellem mig og arketyperne. Jeg har valgt at lade en tredje person, Vila, føre samtalerne med dem her i kapitlet, da jeg mener det gør fortællingen mere læsevenlig.

Lad historien begynde.

Vila hang fast i en ufærdig proces med Bevidst Evolution. Hun var i virkeligheden bange for at gøre den færdig og få den udgivet. Skulle hun sætte sig selv i søgelyset – gøre sig synlig med sine idéer? Det var et svært valg.

På den ene side kunne hun ikke lade være. På den anden side vidste hun at hendes bog ikke ville gøre den store forskel. Få ville læse den, gøre sig tanker om det hun havde skrevet og endnu færre ville forstå den i det lys, hun forsøgte at formidle den i.

Forfatterens forbandelse.

Nå. Den var stort set færdig og om ikke andet ville det være spildt arbejde ikke at udgive den.

Geometrisk Alkymisk Psykologi trængte sig også på. Hun var ikke begyndt at skrive den endnu, men mange af bogens grundteser var allerede på plads i hendes hoved. Nu skulle hun blot skabe en tankeform, de kunne udfolde sig i, så de gav mening. Det hele handlede om energimønstre og hvordan de geometriske former i grundstofferne rent teknisk kunne anvendes til at afkode energimønstrenes frekvens.

En viden som ville gøre den enkelte i stand til, via den dynamiske bevidsthed, at udvikle sig selv gennem grundstoffernes sammensætning i jordbund, kost og krop. Formålet med energiudviklingen skulle være at forbedre de energetiske komponenter man bestod af til gavn for den samlede pulje og senere generationer.

Energimønstre var uden selvidentifikationsmekanismer, men indeholdt informationer og kodede sekvenser. En dynamisk hændelse ville, alt andet lige, forandre et energimønster i den ene eller anden retning, fordi de reagerede på dynamiske svingninger. Vila vidste ikke hvor meget hun skulle gå ind i at forklare at der intet permanent højere selv var i mennesket, og at energier blot cirkulerede rundt i forskellige tilstandsformer. Ville den enkelte gøre arbejdet, når han eller hun ikke havde et formål, som et højere selv, der inkarnerede igen og igen? Om skyld og straf blev taget ud af kosmologien?

Kunne den søgende acceptere at det materiale han eller hun var gjort af skyldtes en tilfældighed? At den enkelte var dannet af energimønstre med informationer der stammede fra andre mennesker, fra en anden tid, men som havde været tilgængelige, i menneskehedens samlede pulje af energi ved mødet mellem æg og sædcelle? Og hvad skulle man gøre med de sekvenser som nu var i ens energikrop? Skulle man behandle dem som egne minder eller som en andens? Kunne de betegnes som tidligere liv, selvom de tilhørte fortiden og et andet menneskes liv? Energimønstrenes indhold var ikke ens eget materiale, hvilket man fandt ud af når man kom dybt nok ned i lagene af dem. Fortidens og kollektivets kodninger var det man fandt og skulle arbejde med. Andres energimønstre og efterladenskaber.

Det næste var om den enkelte ville tage opgaven på sig ud fra en viden om at når han eller hun døde, ville der intet være til eftertiden andet den enkeltes tankeformer, om de var udbyggede nok, samt de betingede energimønstre. Byggemateriale til andre mennesker.

En sådan abstraktionsevne var næsten umenneskelig. Vila kunne tænke for sig selv: *Dette er hvad jeg er, men det er ikke mit. Det er ikke mig eller noget, jeg har skabt i tidligere liv. Jeg er et produkt af de energier, jeg består af nu og sammenblandingen af dem skaber en form og et jeg-princip. Når jeg dør, opløses jeg. Jeg er ikke mere. Jeg er kun så længe de fem betingede lag samvirker som en form. Når jeg dør flyder energimønstrene tilbage til den samlede pulje af lignende energi og tilfører disse puljer nye informationer og nye muligheder for eksistens. Jeg ophører med at tænke, føle, sanse og forstå. Jeg kommer aldrig til at være igen og jeg har aldrig været før. Alt hvad jeg er, er en samling af impermanente energier og deres processer.*

Og hvordan levede man et fyldestgørende liv med den viden?

Vila havde opnået en del indsigter i sin læsning af den tidlige buddhisme. Om hun tog disse indsigter for gode varer, eksisterede der andre tilstandsplaner, men også her herskede principperne for energimønstrenes cirkulation og anvendelse. Der var derfor ingen guder, højere væsener eller andre permanente tilstandsformer som styrede Jordens udviklingsprocesser efter et formål. Der var ikke et formål med energiernes dans, da der hverken var begyndelse eller ende. Der var energier i bevægelse på forskellige udfoldelses- og sammensætningsniveauer. Hvert niveau udfoldede sig, *levede* og *virkede* i den tid disse sammensatte energisystemer nu oppebar. *Tid* var i den forstand flydende og elastisk. Tid varierede med det som energisystemerne oplevede og udførte. Visse energiers udfoldelses-niveauer havde længere spektrum at udfolde sig på og andre kortere. På Jorden var længden i overensstemmelse med de fysiske love for henfald. I andre systemer var lovene anderledes.

Der var transmigration og vekselvirkning, midlertidige alliancer og udtryk for navn og form tilstande. Desuden var der systemer, hvor der ikke eksisterede navn og form tilstande.

Vila nåede til en vis selverkendelse i alt dette: *Det er et mirakel at jeg er og den tilstand skal jeg ære ved at behandle mig selv efter bedste evne. Jeg er, i dette nu, på dette sted i tid og rum, i eksistens og jeg vil bidrage med det bedste jeg evner. Det ansvar tager jeg på mig, fordi jeg forstår hvordan helheden virker og sam-virker, og jeg forstår at mit bidrag gør en forskel for de efterfølgende generationer.*

Ikke at *Hinayana* læren og de gamle skolers ideer omkring *anatta* (no-self) var mere sande end den senere *Mahayana* skole og deres *bodhisattva* lære. Vila havde en mistanke om at evangelieforfatterne havde hentet materiale fra de senere buddhistiske fortællinger til deres skriblerier om Ιϵσους ὁ Χριστος (Jesus den salvede). Man kunne selvfølgelig antage at skriverne i begge lejre havde hentet deres viden fra *den tidløse visdomslære* i det kollektive bevidstheds-felt, men Vila følte mere at der var tale om kopiering end om et større spirituelt projekt igangsæt af andre livsformer.

Der var også den kristne *sjæl* og forståelsen af denne som enten Aristoteles´ *tingenes essens* eller den platoniske evigt vandrende *idé,* om man kunne sige det således. Den ene tankeform var ikke bedre end den anden, men hver især udviklede de bestemte energimønstre. Vila var nysgerrig på forskellen og på hvilken virkning de generelt havde på den samlede pulje kaldet menneskeheden. Kunne man sige at den ene fungerede bedre end den anden, når talen kom på teknisk udvikling af energimønstre?

Vila var helt klar over at retningerne hver især stod for forskellige energimønstre og udviklingsveje det enkelte menneske kunne vælge. Hverken udviklingsveje med et højere selv eller en udviklingsvej uden kunne siges at være mere rigtig end den anden. Der var nok mere tale om at visse energisystemer havde *affinitet* til den ene eller anden skole. Vila selv havde helt klart et energisystem som bedst fungerede sammen med den tidlige buddhisme, udskældt som den end måtte være af eftertiden. Det var et standpunkt og en indiskutabel fordring at det var således for hende. De andre veje virkede omstændelige og gav ingen genklang i hende.

Om aftenen satte hun sig til rette og hengav sig til en mere seriøs meditation end hun havde dyrket hele sommeren. Man kunne vidst godt sige at hun havde holdt sommerferie langt væk fra alle lærere og lærdomme i esoterisk forstand. At hun havde dyrket det almindelige liv for en tid, og hvilt i sig selv, uden at være i proces. Vila var godt tilfreds med resultatet. Hun var kommet langt og oplevede for første gang i sit liv en indre ro. En lyst til livet som ikke havde været der længe. Faktisk var det som om de højere energier og deres processer forhindrede Vila i at opleve denne indre glæde og lyst til livet. At deres nedbrydende effekt på energisystemet hensatte hende i en konstant urolig tilstand. Det havde været rart for en gangs skyld at hvile i sig selv og ikke skulle være i gang med alt muligt.

I meditationen åbnede Vila op og henvendte sig igen til Merak.

"Så er jeg parat til at fortsætte mit arbejde," var den melding hun sendte til ham og svaret kom ret hurtigt.

"Der ligger nye energikoder parat til dig som vi straks aktiverer og sætter ind i dine magnetfelter. Disse vil opgradere dine energibaner til at kunne transmittere en mere klar energi."

Før Vila kunne sige "tak" var arbejdet i gang. Hun mærkede med det samme en vibrationsforøgelse omkring hovedet og så hvordan energibanerne blev fyldt med lysende gnister. Det var ikke fordi gnisterne gav de store effekter i kroppen. De flød stille og roligt fra hjernes magnetfelt og ud i resten af systemet. Hun var vant til at integration af energi, og effekten heraf, først viste sig senere. At energien langsomt integrerede sig og skabte forandringer i forhold til det hendes krop kunne bære.

Dagen efter var hun i dårligt humør. Den velkendte uro var tilbage og sommerens fred var forbi. Hun døjede med lidt tristhed og krystalliseringer fra barndommen. Hvorfor var det at højere energier altid trak disse krystalliseringer frem? Selvfølgelig for at opløse dem, men der var også noget mere gemt i det, Vila vidste bare ikke hvad. Desuden havde hun et underligt lys yderst i hendes synsfelt, som generede hende. Det var vist tid til at tale med Merak.

19.08.10 Dagens vejledning fra Merak:

"Lyset i dit synsfelt er ikke overanstrengelse, men er en effekt af det overaktiverede magnetfelt i de indre dele af hjernen. Det er visio neuronernes aktivitet der opleves som lys i udkanten af dit synsfelt. Det er et midlertidigt fænomen og vil aftage med tiden. Generelt omstruktureres dine celler i denne tid som enhver anden tid. Jo mere vi kan forandre legemets standardstruktur, desto mere kan vi tilbyde fællesskabet. For som altid, bidrager vi til systemets vækst, når vi opererer i et.

Om man opnår bestemte sekvenser i sit energisystem antændes deres tilhørende tankeformer. Det er vejen. På vejen i det kollektive bevidsthedsfelt møder du væsener som administrerer de korrekte tankeformer til enhver lære. Hver tankeform skjuler en energi, en essens, som skal afdækkes gennem korrekt forståelse af læren eller tankeformen. Enhver tankeform starter med den oprindelige tænker, dvs. den som først skabte en bestemt *mindstream* i Jordens kollektive bevidsthedsfelt. De mange ideologier og teorier repræsenterer hver deres *mindstream* (eller tankeform) og de energimønstre som skabes i kontakten med dem.

Hvad nøgleordet eller essensen er, i læren som Jesus skulle have formidlet, er det du skal begynde at finde ud af. *Christosdyrkerne* og deres fortællinger skabte kristendommen. Evangelierne er opdigtede samt de såkaldte ord, Jesus skulle have lært fra sig. Men fortvivl ikke –

den kristne lære dækker over et virkelighedsniveau der er muligt at aktivere i mennesket. Endnu har intet menneske fundet ind til den sande kerne, hvorfor kristendommens idé stadig er gemt i fortidens myter og allegorier.

PBTR og denne hemmelighed er de to store essenser mennesket skal finde og aktivere i sig selv. Nøgleordet til den ukendte essens i kristendommen er selvfølgelig *næstekærlighed* eller *bodhisattva* som de senere Mahayana tilhængere kaldte denne essens. Hvad det reelt betyder, skal du finde ud af. Det, du finder er *Chrestosenergien* og den har meget lidt at gøre med den forståelse af budskabet nutidens troende dyrker. Ej heller den senere forståelse af sagen."

Vila var helt bims efter denne smøre og kunne sagtens mærke at hun var ude af træning med at modtage information fra Merak. Forhåbentligt ville det træne sig op til det niveau hun plejede at have.

20.08.10 Dagens vejledning fra Merak:

"I overensstemmelse med planen, for dig, arbejder du nu på et nyt lag af din bevidsthed. Her vil du finde nøgler til forøget forståelse af gammel viden og gemte lag i menneskets psyke. Kunsten at forstå krystalliseringsprocesser, geometri eller energimønstre ligger gemt som en art kode i hjernen. Det er normalt et sprog kroppen anvender ubevidst af sig selv – en art program – som menneskets bevidsthed sjældent kaster lys over (dvs. aktiverer) eller kommer i kontakt med.

Det kan sammenlignes med at kunne se ind i en computer, forstå dens elektroniske opbygning og kommunikere direkte, via tankens kraft, med dens programmer. Dialogen vil selvfølgelig kunne ændre koderne og kunsten er at finde den rette forandringssekvens samt de korrekte harmonier. Energimønstre danner sig ud fra et harmonisk princip og minder om den måde musik danner toner på.

Hvert underområde af storhjernen har engang været kommando-central for resten af kroppen, dvs. hvor energierne i kroppen blev omsat til forståeligt materiale i hjernen. Alle latente underområder kan aktiveres igen til at være bevidst fungerende i hjernens generelle bearbejdelse af energi og informationer.

De ældre deles sprog varierer fra den nutidige hjernes sekvens, lyd- og billeddannelse. Med andre ord har hvert område af hjernen sit eget sprog og billedmateriale. Disse skal selvfølgelig læres først før de aktiverede underområder giver givtige informationer og input til de overordnede bevidsthedsprocesser i hjernen. Det er et skattekort over menneskehedens evolution og bevidsthedens udviklingshistorie som ligger gemt i denne viden.

På lignende måde arbejder de gamle talesprog med forskellige dele af hjernen. Oprindeligt hører f.eks. hebraisk til en bestemt del af hjernen. Når hjernen udvikler sig, udvikler mennesket og dets sprog sig. Årsagen til uddøende sprogstammer findes i hjernens udvikling og evolution mere end uddøde racer og glemte folkefærd. Faktisk uddør racen, når hjernen har arbejdet sig forbi det sted i sin udviklingsproces. Med artens forgåen dør det talte sprog, da den tilhørende del af hjernen sættes i bero.

Sprog koder energi til bestemte mønstre i hjernen og ord er nøgler til disse mønstre. Anvendes de rette ord kontaktes den del af hjernen, hvor ordet tog sin oprindelse, og i det kollektive bevidsthedsfelt kontaktes den tilhørende tankeform. På den måde arbejder ord med både tankeformer og energimønstre. Dette kan anvendes destruktivt og konstruktivt. Det konstruktive ligger i at latente dele af hjernen kan aktiveres og det destruktive ligger i samme hændelse." Merak stoppede et kort sekund og Vila så sit snit til at indskyde et spørgsmål.

"Hvorfor blev lige præcis det barndomsproblem aktiveret i går da de nye energier kom ind? Var der en sammenhæng herimellem?" ville hun vide.

"Nej, krystalliseringen lå i storhjernen og blev blot aktiveret da energien søgte dybere ind i hjernen. Der var ingen sammenhæng. Mindet lå i vejen for energiens vej til de korrekte baner og niveauer. Derfor blev det aktiveret."

"Vil det sige, at når jeg får ny energi ind, så er alle de gamle minder, som kommer frem, blot forhindringer på energiernes vej og ikke en større videnskab om at rense ud i det gamle for at det nye kan komme til?"

"Helt korrekt. Om det var muligt at integrere uden om det gamle, ville vi klart foretrække dette. På den måde kunne megen unødig smerte og forbrug af energi forhindres. Fordelen ved at det gamle opløses og flytter sig er selvfølgelig at ny selvforståelse bliver mulig. Ulempen ligger i en slags oversvømmelse af gammelt materiale som forhindrer den, der integrerer energi, i at se klart. Om det gamle tager over, vil de integrerede energier ikke komme til deres ret idet de gamle dele og deres minder tager pladsen og anvender energien. Det er en sart balancegang."

"Hmpf. Og her troede jeg at det var en del af udviklingsprocessen at skulle lide med alle de gamle problemer. At der skulle ryddes op først." Vila følte en sær blanding af lettelse, men også af vrede. Gid hun havde vidst dette for mange år siden og på den måde kunne have undgået alt det unødige energiarbejde og de psykologisk trættende processer.

"Hjernen bliver plastisk, når standardfrekvensen brydes. Først der kan du arbejde dig udenom de gamle energimønstre. Før dette sker, er hjernen tvunget til at allokere og opløse krystalliseringerne således at de nye energier kan komme til. Det er ganske korrekt en del af processen. Der er ikke enhedsregler for energiintegration, tværtimod. Placering, energistruktur og opkobling til gridet er medbestemmende når vi taler om regler for udvikling. Det må du ikke tage fejl af."

"Godt. Jeg accepterer min kranke skæbne og dens møjsommelige arbejdsmetoder." Vila havde lyst til at drille lidt, selvom hun godt vidste at det ville prelle af på Merak. Menneskelig humor var ikke lige det han dyrkede mest. Eller måske var hendes humor og tilhørende tankeformer ikke forenelig med hans humor?

"Ja, der er tale om en forbipassage af energier her." Og et kort sekund mærkede Vila et lille smil fra Merak. Et smil med opløftende energi og et lille kærtegn i hjertekulen.

"Gid jeg også kunne smile på den måde," tænkte Vila "eller at mennesket kunne dette. Hvor ville vi kunne gavne hinanden, om vi kunne smile udstrålende på den måde?"

"Sandt, så sandt." Det var vist enden på dagens lektie.

Vila havde læst en spændende bog af professor Alvar Ellegård med titlen *Jesus – One Hundred Years Before Christ. A study in Creative Myhology*, Century 1999. Det havde sat en masse tanker i gang. Ellegård ville meget gerne henføre Jesus til essenerne - det var der intet nyt i. Det var forståelsen af den tidlige sekt som Paulus havde skabt og hvordan hans tankegang havde ført til de senere evangelier. Det var nyt og spændende, at lege med idéen om, at det var Paulus som opfandt Jesus Kristus. Specielt når man tænkte over at Paulus aldrig nåede at møde den levende Jesus, men så ham i et syn på sin vej til Damaskus. Det andet interessante i bogen var informationerne omkring den tids tankegang og anvendelse af begreber.

I bogen formulerede Ellegård en tanke omkring *Chokmah* og den kabbalistiske måde at anskue visdommen på, som værende maskulin. I den forståelse var det nærliggende at opfatte visdommen som Guds søn, og Helligånden som Guds ånd. Herved var der basis for den maskuline treenighed i faderen, sønnen og Helligånden. Vila mente at visdommen oprindeligt var feminin i den hellenistiske udgave som *Sophia*, ja vist også i den jødiske forståelse af den, men Ellegård mente at Paulus så Kristus som Guds søn der viste sig i form af visdom i mennesket. Paulus´ udgave af *Messiah*, som Kristus betød, lå fjernt fra den Messiah som jøderne forventede ville komme.

Synet, Paulus så, var af den genopstandne Jesus og at den Jesus ville være den himmelske frelser af det jødiske folk ved endetiden. Visdommen, Guds søn, ville frelse mennesket. En endetid som Paulus sammen med mange andre retninger på det tidspunkt anså for at være nær. Genopstandelsen for de udvalgte ville ikke være i kødet, men i ånden.

I første Korintherbrev (15:44-51) beskrives hvorledes mennesket var et fysisk væsen (psychikon) der ville genopstå i et åndeligt legeme (pneumatikon). I den danske udgave af spirituel, åndelig og jordisk var det svært at se forskellen mellem sjælelig og åndelig, syntes Vila. *Pneuma* betød ånde, og var identisk med det hebraiske udtryk *ruach* eller *nephesh.* Ruach var det som Gud blæste ind i Adam for at gøre ham levende. Den levendegørende ånd. Mennesket ville genopstå i Guds Rige i denne levendegørende åndelige skikkelse, og Vila kunne dermed langt bedre forstå det evangeliske udtryk *Guds Rige er i jer*, dvs. i form af Guds ånde (nephesh eller ruach). Pneumatikon skulle forstås som et legeme bestående af Guds ånde uden det omgivende fysiske hylster.

Paulus skrev endvidere, i samme passus: ”Det første menneske, Adam, blev en levende sjæl. Den sidste Adam blev en ånd, der gør levende. Men det åndelige legeme er ikke det første, det er det sjælelige, dernæst kommer det åndelige. Det første menneske var af jord, jordisk, det andet menneske er fra himlen. Som det jordiske menneske var, sådan er også de jordiske, og som det himmelske menneske er, sådan skal også de himmelske blive.”

Den danske oversættelse var elendig til Vilas formål. Den engelske fra King James var bedre: ”It is *sown* a natural body; it is raised as a spiritual body" (1. Cor 15.44), hvilket gav meget mere mening. Vila kunne godt se, at hun manglede den daværende græske forståelse af begreberne *åndelig* og *sjælelig* i forhold til den paulinske tankegang. For om ånden var lig med pneumatikon, hvad var sjælen da lig med?

Det græske udtryk for åndelig fandt hun på Internettet, men hun kunne se at det var nødvendigt at forstå den tidlige græske filosofi for at følge Paulus´ skelnen mellem pneumatisk og sjælelig. Den anden Adam blev beskrevet som *pneuma zwopoioun*, hvilket henviste til en tankegang om to forskellige livsprincipper, nemlig den aktive og den latente. Pneuma zwopoioun blev forstået som den aktive udgave af livsprincippet – den livgivende ånd eller som det stod på engelsk: *The life-giving spirit*. Her skulle der skelnes mellem det fysiske menneske, det sjælelige legeme hos den første Adam og legemet hos den anden Adam, hvor det livgivende princip var grundsubstansen. Krop, sjæl og ånd. Hvilken betydning havde Adam for Paulus? Ikke fordi det løste hendes problem. Der skulle flere studier til, men nu havde hun i det mindste stillet sig selv nogle gode spørgsmål, hun kunne arbejde med.

21.08.10 Vejledning fra Aida:

"Visdomsfælden bør du ikke gå i, når du søger at finde ud af hvad Kristusenergien er. Kristusenergien er *ikke* kærlighed eller visdom, i forståelse af visdom som *gnosis*. Visdom er et misforstået begreb og relaterer sig til den gamle forståelse af intelligens. Visdommen giver liv, ikke vid.

Visdommen bliver altså, om vi skal blande yogi terminologi ind i det, lig med *manas*, og manas hører kroppen til. I gammel forståelse er visdommen lig med den strukturelle bevidsthed og dermed knyttet til det kollektive bevidsthedsfelt. Uden hjernens aktivitet ville der ikke være en fungerende og aktiv krop, fordi hjernen udvikler sig gennem kontakten til det kollektive bevidsthedsfelt. Kroppen får liv derved.

Heri hviler Evas hemmelighed. At hun fostrede alle menneskehedens tankeformer. Som en gravid kvinde."

Vila kom til at tænke på noget hun havde læst for længe siden, og det passede fint ind her. Om menneskehedens moder, Hewa (Eva), det kollektive bevidsthedsfelt, blev gravid ved Jahve (den strukturelle bevidsthed) og fødte ham to sønner Qajin og Hebel. Den dårlige og den gode søn. Jægeren og agerdyrkeren. Hvad stod disse to sønner så for? De dårlige og gode tankerformer?

Aida fortsatte: "Kristus kan derfor ikke være visdommen, set ud fra denne forståelse. Paulus´ forståelse af Kristus som Messiah relaterer sig til hans traditionelle jødiske tankesæt. For hvad var Kristus? En frelser, en ny konge, en salvet, en vejleder for folket? Eller en spirituel gestalt som Paulus så?"

Vila måtte lige indskyde: "Hvad og hvem der talte til Paulus er vel det gode spørgsmål?"

"Korrekt. Hvem viste sig for Paulus? Og hvem viste sig for stifterne af bodhisattva retningen? Det er det som er værd at besvare. *Ved dommedag genopstår de døde i deres levendegjorte åndelige kroppe i Guds Rige* underforstået et andet sted end på Jorden. Men hvad betyder dommedag – set ud fra det sted, hvor du er nu?"

Vila tænkte sig om.

"Dommedag er når hjulet stopper, dvs. når genfødslerne ophører. Den sidste dag vil alle dømmes, forstået på den måde at kun de som består af et *åndeligt legeme* vil gå videre til himmerig eller et andet udviklingssted. En art 3. himmel om vi anvender et paulinsk udtryk. I denne forståelse ligger idéen om de 144.000 fra Johannes Åbenbaring og dommedag. Ved endetiden vil de 144.000 være egnet til en anden tilværelse som pneumatisk væsen. Er pneumatisk identisk med det dynamiske energilegeme sammen med de forandrede tankeformerne og energimønstre?"

Vila fortsatte sin tankerække.

"Hvad sker der med et dynamisk magnetfelt omkring hoved og krop når vi dør? Vil et stærkt felt fortsætte sin udvikling på andre planer som lysvæsener? Var det et sådant væsen Paulus så?"

Aida lod til at være tilfreds med svaret, og fortsatte sin lektion.

"Det er ganske givet. Men magnetfeltet er ikke dig eller oppebærer spor af dig. Det er noget helt andet. Det er essensen af det du har indbygget i magnetfeltet. Du er en tankeform, et energimønster, hvoraf magnetfeltet er essensen der deriveres derfra. På den måde kan man sige at der bag ethvert udbygget energimønster er en essens som oppebærer en art selvstændig eksistens."

Det var en anden måde at se kroppens energisystem og dens bevidsthed på. Et energimønster. Det åndelige ville da blive magnetfeltet eller essensen. Men var essensen så lig med en sjæl eller et højere selv? Vila syntes det var en interessant måde at anskue det på.

Aida var godt i gang med at forsætte sin talestrøm. "Essensen eksisterer i kraft af energimønstret, om det så er skabt af dynamiske energispektre, med hjertet som centralt punkt, eller strukturelt materiale med hjernen som centralt punkt. Kunsten er at forbinde de to centrale punkters vibration samt forene felterne omkring krop og hoved til en vibrerende helhed via de energimønstre og tankeformer som felterne arbejder med. Essensen bliver kun til en selvstændig form når den består af både receptiv og strukturel bevidsthed, altså dynamisk bevidsthed. Først her vil den skabe grundlaget for et sandt himmelsk menneske.

Før denne forening er magnetfelterne blot to skaller, afhængige af tankeformer og andre energimønstre, og ved døden løsrives de som ufuldstændige tankeformer med et ufuldstændigt energimønster. De ufuldstændige energimønstre søger bevidst efter at fuldendes, som alle energier gør det på Jorden, og derfor trækkes de til de levende tankeformer, som et menneske udgør. De søger at gå i resonans med dig for at blive en del af den levende form i stedet for at flyde rundt, ufærdige og ufuldstændige, i det kollektive bevidsthedsfelt. Vi har fortalt dig om denne slags væsener, om man kan kalde dem for det, og hvordan de søgte at opløse sig gennem dine tankeformer. Hvordan de ønskede at blive en del af dit skaberværk, via dine tankeformer."

Aida fortsatte: "For at fortsætte Adam og Hewa analogien. Den ufærdige skal fra hjernens magnetfelt flyder rundt i det kollektive bevidsthedsfelt. Skallerne fødes i smerte, i forståelsen af at være ufærdige og dermed *lider* de i deres ufuldstændige tilstand. De er hverken et færdigt lysvæsen eller et menneske. Det er skallerne, der begærer livet, som Gotama taler om i sin forståelse af den firfoldige noble vej. Integrationen i et menneske er ligeledes smertefuld for begge parter, da en standardmodel ikke har mulighed for at udvide sit tankefelt af sig selv. Det kræver løsrivelse fra standardfrekvensen, også dette giver lidelse. At spise af Kundskabens Træ, at befrugte sit magnetfelt omkring hovedet i en sådan grad at det skaber en essens, er hvad Hewa gør med spisningen af æblet. Hun integrerer viden fra Kundskabens Træ.

Qajin og Hebel symboliserer tankeformen og dens essens. Qajin er den stoflige tankeform og Hebel er essensen som dannes herfra. Når tankeformen anvender for lave frekvenser, dvs. når hjernen fungerer gennem lavere instinkter osv., slås essensen ihjel og ingen højere bevidsthed skabes. Højere bevidsthed dannes gennem integration af energimønstre fra det kollektive energifelt.

Denne højere bevidsthed lever således videre på sit eget plan, om den kan opnå status som lysvæsen, ellers opløses den sammen med resten af tankeformen ved dens ophør, og kun det ufuldstændige energimønster levnes til det kollektive felts nåde og fromme. Derfor inkarnerer den højere bevidsthed ikke, men udvikler sig på sit eget plan, når den har løsrevet sig fra det kollektive energifelt og standardbevidstheden. Den højere bevidsthed udvikles på Jorden, når energimønstrene sættes korrekt sammen. Det er det Jordens energisystem gør. Essensen eller lysvæsenet har så sit eget energisystem at udvikle på de planer, hvor energierne udvikler sig. Fra lysvæsenet deriveres en endnu højere entitet som vi kan kalde ånd. Således skabes livet og de mange entiteter ud af hinanden, men uafhængigt af hinanden.

Det kollektive felt danner individer som kan løsrive sig fra feltet og gå videre til de højere planer. Det er en naturlig proces, ganske som blomsterne og alle de andre livsformer som opstår på Jorden i en evolutionær autonom proces. Individer med mulighed for at løsrive sig er et produkt at det kollektive bevidsthedsfelt. Ikke på grund af flere levede liv eller en fortløbende række med dette som mål, men som en konsekvens af energiernes tilfældige dans. Det er statistisk muligt at udregne hvornår et sådant individ vil opstå, om man kan beregne det kollektive bevidsthedsfelts energier og sekvenser for, skal vi tillade os at bruge begrebet, *naturlig udvælgelse af den bedst egnet.*

Det er et samlet og forenet arbejde som skaber disse individer i menneskeheden, ikke den enkeltes karma, og der er kun det ene liv, hvor en sådan mulighed er til stede i den samlede masse. Der kan dog være flere individer i udfoldelse på samme tid, men hver af dem har kun en chance for at løsrive sig fra standardfeltet og gå videre til de andre planer ellers går de tilbage til puljen af samlet energi. Herfra bidrager de til den samlede pulje indtil det kollektive bevidsthedsfelt og Jorden atter er parat til at udfolde et individ med mulighed for en tilværelse som lysvæsen.

Jorden og dens kollektive bevidsthedsfelt er en *fødemaskine* for de højere verdener, set i dette lys. Ind i mellem udfolder der sig individer som vi kan kalde sande udslukkere. Et sådant individ har en speciel agenda. Målet er her at udslukke magnetfelterne helt. Dette er også en udviklingsmulighed af det kollektive bevidsthedsfelt og Jordens energisystemer. En udslukker anvender sit højtudviklede magnetfelt i PBTR, hvor det skaber en slukning af uhensigtsmæssige potentialer. Disse fødes der få af gennem menneskehedens tid på Jorden. En variant af en sand udslukker er en bodhisattva. Et sådant menneske bringer balance i PBTR og opgraderer det. Når bodhisattvaer opløses, går deres essens tilbage til PBTR frem for at gå videre.

Bodhisattvaer bidrager til den fremtidige menneskehed indtil alle potentialer i menneskehedens PBTR er udlevet. Dette er idéen bag bodhisattva tankegangen. Her er ingen dommedag, fordi alle energier ender med at blive til lysvæsener på et eller andet tidspunkt. Jorden vil til slut udspy de perfekte mennesker som alle går videre til højere verdener. Det er blot spørgsmål om tid før et nyt kvantespring sker.

Det andet valg er at gå videre som lysvæsen og bidrage til de højere verdener. Dette er idéen bag Kristusenergien. Den essens som skal findes her ligger i PBTR substansen. Det er en kodning og starter skabelsen af et lysvæsen frem for en bodhisattva.

Bodhisattvaer og kristusindivider (lysvæsener) udtrykker begge næstekærlighed og medmenneskelighed. Forskellen ligger i valget om de går videre eller bliver tilbage, som med myten om *Tara* eller *Sanat Kumara* der bliver tilbage til det sidste menneske er gået videre.

Pointen i læren er ikke den forsatte række af inkarnationer, som en selvforskyldt læreproces, der gennem mange liv oparbejder et lyslegeme, men kollektiv udvælgelse ud fra statistiske tilfældigheder.

Det frie valg ligger så hos individet om det vil blive eller gå videre. *De udvalgte* har dermed to valg. De kan vælge at blive en udslukker eller et lyslegeme i de højere verdener. PBTR, Jorden og det kollektive bevidsthedsfelt balanceres gennem de højt udviklede magnetfelter, som går videre og tager essensen med sig, men også gennem de højtudviklede magnetfelters opløsning i PBTR.

Hos mennesket, som en del af standardfrekvensen, handler valget i livet om at udvikle stoffet og dets elektrokemiske sammensætning. Dette gøres gennem fornuftig anvendelse af energi og integration af energimønstre enten gennem kost eller forbindelse til det kollektive bevidsthedsfelt gennem tankeformer.

Ingen er uden ansvar for helheden.

Bodhisattvaer og kristusindivider har hver deres række af hjælpere og vejledere. Disse formløse væsener opererer via de individuerede magnetfelter og de højere tankeformer som skabes samt kontaktes. Målet bag Geometrisk Alkymisk Psykologi er opnåelsen af de rette frekvenser og energimønstre.

Bodhisattvaer arbejder med PBTR og kristusindivider arbejder på at gå videre. De rette sammensætninger i energistrukturen er vigtige i denne sammenhæng. Du skal finde ud af hvilke energimønstre der passer til den ene og den anden vej. Og du mangler stadig fuldt ud at forstå hvad kristusessensen består af."

Vila kunne mærke en modstand vågne i hende. På flere planer.

"Det lyder for mig som om der fødes en elite og at få mennesker har mulighed for at vælge. Hvad blev der af at alle mennesker er født lige og frie? Og hvorfor skal vi nu til at tale om himmelske væsener, når jeg igennem hele Bevidst Evolution forklarer at de fleste gestalter er skabt af vores selv. At de er en slags objektivisering, når energien er høj nok, af psykens indhold i magnetfeltet omkring hovedet?"

"Jeg forstår din bekymring for klassifikationer mellem mennesker som egnet og uegnet til et liv som lysvæsen. Det skal ikke forstås på den måde at der er en gruppe mindre og en gruppe bedre bemidlede. Først og fremmest er alle mennesker født med samme muligheder. Mulighederne dannes i det øjeblik, hvor æg og sædcelle mødes. Hvor

PBTR bliver aktiveret og tilknytter sig det kollektive bevidsthedsfelt. Det kollektive bevidsthedsfelt afgiver et udsnit i selvsamme øjeblik i tid og rum, hvor PBTR feltet skabes. Dette punkt i tid og rum angiver hvilke energimønstre som er tilgængelig på det sted, og i det øjeblik. Ingen fødes med forudbestemte bedre eller dårligere kvaliteter end andre, for hver især fødes som generationens karma nu udfolder sig. Dette bliver den enkeltes levevej, også kaldet dharma i gammel tid.

Karma er energimønstrene som nu udfoldede sig i befrugtningsøjeblikket og dharma er det liv energimønstrene danner basis for i det enkelte menneske. Dets talenter i livet. Dette er lige for alle.

Nogle fødes, for at bruge en blomsteranalogi, som tidsler og andre som roser, men alle har samme mulighed for at løsrive sig fra det kollektive standardfelt. En tidsel kan blive til en rose om den vil. Det kræver dog ekstra indsats at ændre sine energimønstre til noget andet. En rose fødes med en drift mod at udvikle sig til noget mere. En tidsel er tilfreds med sin vej og sin måde at udfolde livet på. Skulle tidslen ændre mening, er den velkommen til at følge rosens vej og vice versa. Rosen vil dog ofte være drevet af sine energimønstre, som styrer mod at udfolde sig som enten en bodhisattva eller en kristus.

Det er menneskets lod at udnytte sine potentialer bedst muligt. Tidslen har sine opgaver og rosen har sine. Ingen er bedre end den anden. Der er ingen rangforskel i arter, kun forskellige udtryksformer for det kollektive bevidsthedsfelt i Jordens magnetfelt. Alle arter udtrykker tankeformer og energisekvenser i Jordens energisystem. Alle har sin funktion og formål. Alle er lige og nødvendige.

Det er menneskets tankeformer som skaber forskelle i værdi på arterne og udtryksformerne. Det er den strukturelle bevidstheds måde at håndtere livet på. Ved at skabe et mig-dig forhold eller et det andet og så mig. Subjekt-objekt formen stammer fra jeget måde at operere på samt hjernens måder at integrere energi på.

Med hensyn til de højere væsener, som bebor de højere planer af Jorden samt universets sfærer, ved du jo findes. I Bevidst Evolution søger du at skelne mellem hjernens egne gestalter og de som faktisk eksisterer. Lad mig oplyse dig om at de højere væsener eksisterer, men kun i verdener som lyslegemet udfolder i. Et menneske uden et fuldt fungerende lyslegeme, dvs. har sammensmeltet sine magnetfelter og forenet hjerne-hjerte forbindelsen, vil kun se hjernens skabninger, dens illusioner samt de mange menneskeskabte gestalter og tankeformer som findes i det kollektive bevidsthedsfelt. De kalder sig spirituelle og seere, men faktisk er de i gang med at udvikle deres hjernes magnetfelt til højere vibrationer. Hjernen skaber i denne proces en art hallucinationer, hvor den kan panorere det ubevidste indhold ud i en form, en gestalt, en vision. Det er en del af vejen ud af standardfrekvensen, som ganske rigtigt begynder når frekvensen bliver høj nok i hjernens magnetfelt. Så i den forstand er de spirituelt søgende mere udviklet end resten af deres samtid. Dog er de fanget i deres egne illusioner og kommer sjældent videre end til det. Næste generation bliver forhåbentlig bedre til at skelne og komme videre end til disse syner.

Når lyslegemet fungerer, ophører denne funktion samt indre-ydre dikotomi. Her begynder den sande forståelse af de højere verdener og deres livsformer. Også der findes tankeformer. Hver må finde sin egen version af det, de ser og møder."

Vila tænkte sig om.

"Aida, du har engang været menneske, har du fortalt mig. Hvordan kan du tale til mig, om du er gået videre? Om de højere lysverdener ingen kontakt har med mennesket?"

"Hvem siger vi tager kontakt? Hvem siger at det ikke er dig som tager kontakt til os? Kan du skelne mellem en passage den ene eller anden vej? Måske jeg er blevet til et lysvæsen gennem det arbejde jeg gjorde, mens jeg var menneske? I samarbejdet med Jordens energier, udviklede jeg mange projekter til gavn for lokalsamfundet. Hvad var disse energier om ikke andet end de niveauer som løsrevne (fra standardfrekvensen) individer har mulighed for at kontakte?"

Vila var træt nu. Det havde været en lang og givtig dag med mange aha oplevelser. Nu måtte resten vente til i morgen eller en anden dag.

Om aftenen mediterede Vila som sædvanligt. Det blå lys i hjertet rørte på sig. Hun fornemmede at lyset var i bevægelse mod hjernen. Gennem en serie vejrtrækninger med fokus på at løfte energien fra hjertet til hjernen, begyndte det blå lys at strække sig som en lang linje til hjernens midte og videre op til toppen af hovedet. Det var en interessant oplevelse, og med den allerede etablerede forbindelse mellem hendes pinealkirtel og hypofyse, gik det op for hende at disse to linjer dannede et kors.

22.08.10 Vejledning fra Merak:

"Korset mellem hjerte og hjerne, mellem pinealkirtel og hypofyse er det kors ethvert kristusindivid arbejder med. Centret i midten udvikler sig til det nye styrecenter og koordinerer de andre 6 centre til et fælles energifelt. Undervejs løber energien fra hjertet igennem pharyngeal plexus".

Vila skulle tjekke op på det, hun havde skrevet i BE: *Pharyngeal plexus er det nervebundt som følger det vasomotoriske system samt 10. hjernenerve.*

Udover at regulere kredsløbet modtager det vasomotoriske center informationer fra højere dele af centralnervesystemet. Der er en direkte forbindelse til storhjernens bark samt det limbiske system via hypothalamus. En stor del af sympaticus aktivitet styres gennem det vasomotoriske center, blodets kredsløb samt vejrtrækningen. Den 10. hjernenerve eller nervus vagus løber gennem halsen, brystkassen og videre ned i bughulen. De mange parasympatiske tråde i nervus vagus gør den til en af de overordnede styrende nerver, i det parasympatiske system, i de fleste organer. Det gav jo sig selv at dette center måtte være en art samlingspunkt for kroppens magnetfelt og aktiviteten i nervesystemet som helhed.

Vila fandt det interessant at nervus vagus forsynede musklerne i struben med motoriske tråde, og kaldtes *laryngeus recurrens* eller talenerven. Det var tydeligt at se hvorfor området omkring halsen, med nerver og plexi, blev en vital del af kroppens magnetfelt og koordinationen med hjernens energier. Gennem hjerne-hjertebroen blev kroppens energisystem koordineret med hjernens magnetfelt. Det var helt tydeligt for hende.

Merak fortsatte sin lektion.

"Kroppens energiområder i pharyngeal, hjerte, solar, hypogastrisk samt sakral plexus er ikke centre i reel forstand, men samlingspunkter i kroppens ledningssystem. Disse er de resterende 5 typer kraft i mennesket. Hjernens 7 energiområder samt kroppens 5 overordnede plexi (inkl. alle de mindre udløbere herfra og organerne selv) udgør de 12 udstrålende energilinjer mennesket har mulighed for at udvikle i sin fysiske krop. De 5 plexi eller nervesystemets ledningsnet hører til pinealkirtelsystemet og energiområdet ved lillehjernen. De stammer fra en tid, hvor mennesket udviklede nervesystemets koordination mellem synscenter, pons, lillehjerne samt nat og dagsbevidsthed.

I lange perioder af menneskets udviklingscyklus var mennesket et nattevæsen. Mennesket besad dyrets sensitivitet for dets omgivelser gennem hele nervesystemets sanseapparat. De 5 plexi, samt alle de mindre udløbere, udvekslede direkte informationer eller nerveenergi med omgivelserne. Sansningerne førtes som impulser til hjernen, ganske som i dag, men dengang hørte syn og bevidst bearbejdelse af informationerne med. I dag foregår det ubevidst og autonomt."

Merak var åbenbart i sit historiefortællende hjørne.

De 6 store energiområder i hovedet inkl. hjertet som det 7. Hjertet arbejder også med elektriske impulser, dvs. hjernebølgelignede celler, og kan derfor koordineres med hjernens magnetfelt.

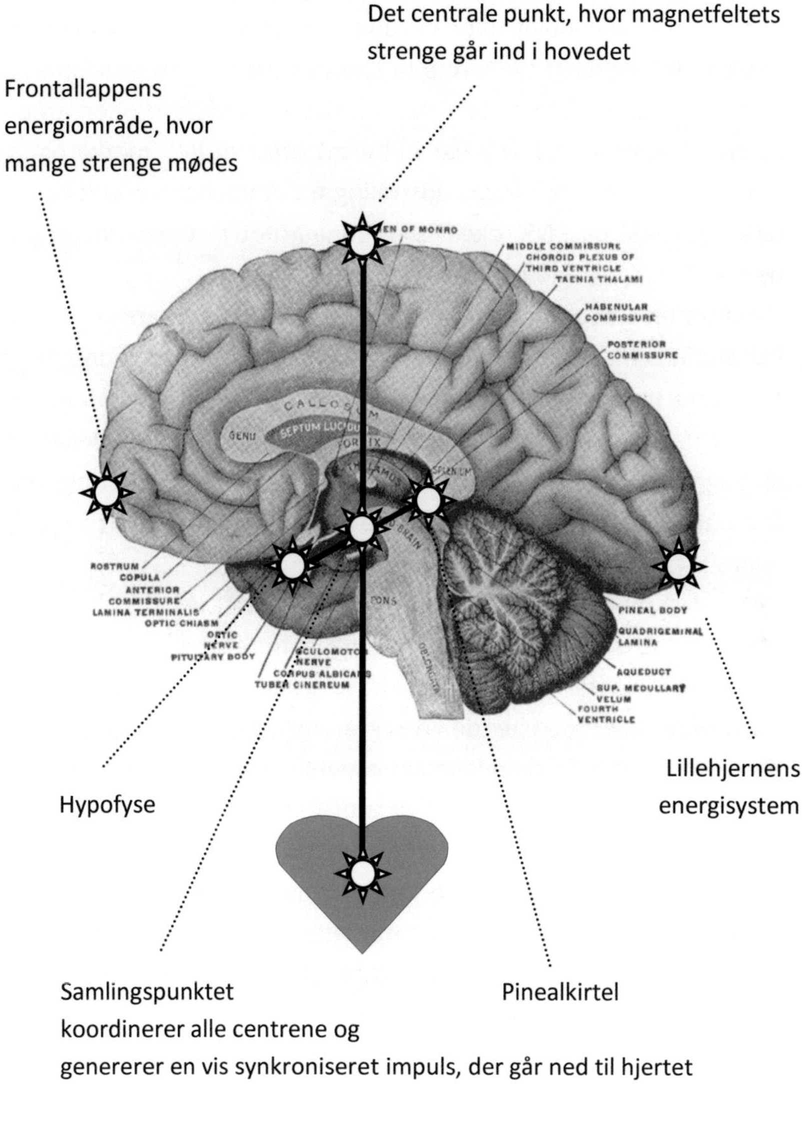

"Dengang, vi taler om menneskets tidlige fortid, var Jorden meget varm. Områderne, hvor mennesket kunne udfolde sin væren, tvang dem til at samle forråd om natten. Mennesket var primært planteædende dengang. Om dagen hvilte de sig sammen med andre mindre dyr i beskyttede huler over og under Jorden. De var skabninger af natten med en langt tyndere hud end den mennesket er iklædt i dag. Det varme klima befordrede ikke et større spæklag og nerverne sad ekstremt yderligt. Øjnene var indrettet efter et liv i mørke og synsindtryk var mere baseret på udstråling fra omgivelserne end konkrete billeder. CNS´ og PNS´ elektriske ledningsnet sansede energi på en helt anden måde end mennesket kender til i dag.

Vi ser en rest af fortidens følsomhed hos mindre børn i deres angst for mørket. Mørket skærper de gamle sanser i den umodne hjerne i de lavere frekvensområder. Da hjernen ikke har adgang til angstens oprindelse i de arkaiske lag, danner den selv passende billeder hertil af buggy mænd og andre monstre. Reelt set stammer angsten fra fortidens frygt for rovdyr og andre farer i mørket, gemt i hjernens ældre lag.

Ethvert menneske er født med en hukommelsesbank i hjernen, da celletyperne som udfører de forskellige funktioner er koblet op til passende tankeformer i det kollektive bevidsthedsfelt. Energien i de forskellige celler matcher de korrekte tankeformer og udgør en del af den kodning standardmodellen er bygget op omkring. Vi taler ikke om direkte cellehukommelse. Det er mere korrekt at sige, at energien, den enkelte celle udfolder for at bestride sin funktion i standardmodellen, er baseret på visse tankeformer og energimønstre (kodet energi til geometriske former og fraktallignende strukturer).

Cellens kodninger er i energimønstret, ikke i cellen selv. Aktiveres cellen på det rette energiniveau føres hjernens bevidsthed til de korrekte energimønstre. Her aflæser den tankeformerne som energilagene er tilknyttet og har udviklet. Hver celle består af flere energilag og er dermed knyttet til flere forskellige tankeformer.

Da Jorden blev køligere forandredes menneskets konstitution. Det blev nu tvunget til at indrette sig som dagsvæsen og den fysiske følsomhed aftog gradvist med den nye tilværelse. Et beskyttende spæklag dannede sig som værn mod kulden og mennesket begyndte sin karriere som kødspisende væsen. Mennesket udviklede en indre følsomhed i stedet for den perifere, dvs. det oprindelige energisystem blev indkapslet af det omgivende spæklag, og hjernen flyttede sit arbejdsområde fra lillehjernen til midthjernen. I dag kalder vi denne indre følsomhed for emotioner. RB består af pinealkirtelsystemet kombineret med det limbiske system, hormon og hypofysesystemet og storhjernen i isseområdet.

Samkøringen af pinealkirtel- og hypofysesystemet vil udvikle en ny følsomhed i mennesket. Det gode spørgsmål er hvad der sker når den fysiske følsomhed og sanseapparat samstemmes med den indre følsomhed? Når både organer og PNS bliver sansende, på et nyt niveau, sammen med det hormonelle og limbiske system og bringer nye informationer til hjernen?"

Merak havde ikke tænkt sig at give Vila tid til at svare. Det var rent retorisk, for han var helt tydeligt vis opslugt af sin egen fortælling. Der var ikke andet at gøre end at høre efter.

"Umiddelbart må vi antage dette scenarie for værende et mareridt i en så overfyldt og larmende verden som vi har i dag. Mennesket bliver i den grad mere sensitivt både fysisk og psykisk. Den forøgede følsomhed på ydre og indre planer i kroppen vil, på den positive side, forøge menneskets evne til energiabsorption. Desuden vil en forøget energiudveksling med omgivelserne, på finere planer af Jordens energisystem, befordre vækst i energisystemet og føre mennesket frem til en tilværelse som begyndende lysvæsen. På den mindre heldige side medfører forøget følsomhed smertefulde processer for mennesket. Udfoldelsen af energetisk væren, kroppens forandringer og hjernens synkronisering hertil, er i sandhed en prøvelse inden mennesket genopstår som lysvæsen med en større sfære hvori en menneskeform toner frem. Menneskeformen i den lysende sfære udgøres af flere cirkulerende magnetfelter bestående af strenge og filamenter i smukke mønstre.

Formen er udfyldt og et harmonisk sammenhængende hele. Et lysende og levendegjort menneske. Den anden Adam, og Paulus´ forståelse af menneskets transformationsproces, ligger i denne vision. Tiden omkring år nul barslede en parathed til at se livet som det nu udfolder sig i disse virkeligheder. Tilstrækkeligt mange havde arbejdet seriøst med enten mysterieriterne eller religion, som f.eks. essenerne og andre grupper, indenfor den jødiske trosretning."

"Hvad med de mange retninger i Alexandria, såsom therapeuterne og andre sekter?" ville Vila vide.

"Ja, også disse grupper havde arbejdet med at løfte deres energier og tankeformer. Tiden bød på en samlet tendens til at kontakte de højere planer. Desværre havde den heftige aktivitet også en bagside. De mange syn førte til både eskatologiske og apokalyptiske tendenser i mennesket, ganske som det sker nu. Disse tankeformer følger i kølvandet af bevidsthedsmæssige gennembrud, hvor flere individer opnår evner til at kontakte lysplanerne.

Modtrækket fra den menneskelige hjerne og psyke, dets sind, er kreation af dommedagsscenarier og drømme om et efterliv i en eller anden form. Om mennesket henfalder til disse fornuftshæmmende tankeformer føres det hurtigt tilbage til sit eget illusionsplan, mens det stadig tror at det har forbindelse til lysplanerne. Sindet formørkes og desperationen sætter ind. En forklaring må søges og opfindelsen af mørke kræfter projiceres ud i ydre gestalter. Resultatet bliver en tro på noget, udenfor en selv, som søger at forhindre en i at nå de himmelske planer. Besøget i himlene følges op af et besøg i helvede. Historien om Jesus og hans møde med Djævlen var ment som en symbolsk beretning om netop disse mekanismer."

"Eller den lignende fortælling om Buddhaen og hans møde med Mara," indskød Vila.

"Også den. Der er ingen ydre onde kræfter i den forstand. Kun mennesket selv og dets evne til at skabe gestalter og tankeformer."

"Men om der findes kræfter som hjælper en i form af vejledere osv., så må der vel også være det modsatte?" tænkte Vila. Ganske logisk for øvrigt.

"Nej, det er svært at forstå at det er kræfterne i mennesket selv, symboliseret ved en djævel eller Satan. *Modstanderen* ligger i ens eget selv. Overbelastningen af systemet i krop og hoved aktiverer fortidens frygt i de gamle energiområders opvågning, i hjernen.

Menneskehedens gamle minder om udslettelse og fare aktiveres i de gamle dele af hjernen. Husk på, i hin fortid var det kun et fåtal som overlevede. Få mennesker kunne klare livets hårde strabadser og da mennesket allerede dengang var et tænkende væsen, dog ikke i nutidens opfattelse af ordet, skabtes der idéer omkring de få udvalgte og et formål med at føre livet videre. Tankeformerne fra de ældste dele af menneskehedens historie bliver tilgængelige for hjernens billede- og bevidsthedsmateriale, i og med at cellernes forskellige lag antændes og aktiveres. Da der ingen ydre fare er på spil, må der skabes en indre fare, som kan projiceres ud, når nu det sympatiske system råber *alarm*.

Alarmen stammer fra en aktivering på dybere niveauer i processen med at balancere de perifere nervebaner med hormonsystemet og det limbiske systems energier. Sammenføringen af de to systemer skaber en art psykose. Psykosen skal mennesket igennem og lære at afvise. Fortidens fysiske frygt og tankeformer skal afvises i en selv, ikke omdannes til menneskets emotionelle tanker om undergang og kaos. Det moderne menneske inkluderer evolutionslinjen helt tilbage til præneolitisk tid og før.

Vejlederne er fødselshjælpere, intet andet. Ved et menneskes fysiske tilsynekomst i verden, er der også hjælpere til stede, i form at jordemødre osv. Inden fødslen er der opbyggende og nedbrydende kræfter i både moderens krop og i barnets egen fysiske sammensætning. Kampen mellem de modstridende kræfter, i de to systemer, afgør om der bliver en vellykket fødsel eller ej.

Idéen, om at stoffet er ondt, stammer fra hjernens forståelse af de nedbrydende og hæmmende kræfter i mennesket selv. En vellykket fødsel som lysvæsen starter i de fysiske kræfter og systemer, i den fysiske del af systemet. Pointen er vigtig for den videre forståelse af sagens rette sammenhæng. Årsagen til tankeformen om *stoffets ondskab* skal findes i den kamp et menneske må stå igennem, når han eller hun ønsker at transformere sig til noget mere end blot en et fysisk individ.

Stoffets regulære henfaldsmekanismer og modstand ligger i alle universets dele og komponenter. Skabes der orden i et lukket system, vil der opstå uorden i andre dele af samme helhed. Indtil mennesket bryder med standardfrekvensen vil loven om kaos og henfald være den fremherskende. Systemets fortsatte overlevelse ligger nemlig i dets evne til automatisk nedbrydning, således at nye komponenter og elektrokemiske sammensætninger kan udvikles.

Lader et menneske, i sammenføringsprocessen, sig overmande og styre af sin arkaiske frygt, kombinerer det med den højtudviklede strukturelle og receptive bevidsthed samt den forøgede sensitivitet, har vi den rette cocktail til en psykose. Herved skabes formørkede og ødelagte geometriske former i menneskets magnetfelter. Energier og tankeformer med lignende frekvens tiltrækkes hurtigt og sikkert fra det kollektive bevidsthedsfelt. Lægges der oveni talent for at kunne objektivisere de indre gestalter i ydre fænomener, dvs. hvor det indre rent faktisk manifesterer sig i de ydre materielle omgivelser, opstår de hændelser mange betegner som paranormale fænomener. Ser du, Vila, evnen til at projicere psykens energier ud i objektive gestalter i det ydre magnetfelt fører senere til fysiske manifestationer.

De forøgede vibrationer i magnetfelterne tiltrækker og opsamler stoffets komponenter fra omgivelserne. Kvantefeltet bag atomerne synes umålbart for forskeren, fordi det er så højfrekvent at det ligger udenfor menneskets nuværende fatteevne. Når magnetfelterne køres sammen og der skabes en direkte adgang til potentialefeltet bag tid og rum, vil menneskets energisystem fungere på samme vis som et kvantefelt. Mennesket bliver i stand til at generere fysiske genstande og hændelser.

Det spæde lyslegeme forvrides i sine baner, om psykosen tager over, og et mørkevæsen fødes i stedet for et lysvæsen. Levende højtudviklede mennesker kan udvise de kendte karakteristika på et ondt menneske eller en dyrker af sort magi."

Vila følte der var mere i det.

"Hvad med efter døden? Opløses de eller er der et sted for dem? For om der er et sted for lysvæsener, så er der vel også et sted for mørkevæsener, og kan de kontaktes?"

"Det er korrekt. Det er muligt, om mørkevæsenet var nået så langt i sin omdannelsesproces at det fik genereret en permanent sfære ud af sine magnetfelter og PBTR. Mennesket skal dog selv kontakte disse hele og halvfærdige mørkevæsener. Samme regler gælder på denne side af virkeligheden. Ingen væsener fra de andre planer må kontakte mennesket. Det er mennesket selv som skal udvikle talent hertil og tage kontakten op. Det er menneskets frie valg og ret om det formår at løsrive sig fra standardfeltet. Indtil da handler valgene om noget helt andet.

Selvfølgelig er der også fødselshjælpere på de formørkede planer. Sikkerheden ligger i at mennesket selv skal have anråbt og anmodet om hjælp til fødsel i den ene eller anden sfære. Der gives kun hjælp til de som anmoder herom. Holder man sin sti ren, som man siger, og afviser disse energimønstre, når de dukker op, er man på rette vej. Intet menneske tvinges til at gøre det gode eller det onde om han eller hun ikke selv vil."

Vila sukkede.

"Det er noget af en udviklingsvej, vi skal igennem for at opnå den anden fødsel. Først skal man slås med sin egen hjerne og psykens indhold. Derefter skal man slås med gestalter og andre illusioner, for derefter at blive udsat for forskellige psykoselignende tilstande. Vi skal skelne skarpt mellem de forskellige energimønstre, og hele vejen igennem tvivler vi på os selv."

"Ja, det er ikke for den svage i ånden at gå vejen ud af Jordens kreds."

Vila fik en indskydelse.

"Når vi nu taler om det. Hvorfor kaldes det for Kristusenergien? Det er svært at se de originale tankeformer bag pga. kristendommen og dens tusinde årige intolerance."

"Enhver essens gives navn og form efter den som først opdagede princippet. Vi kunne også kalde den for frelserenergien, men det ville give forkerte undertoner af Jorden som et slemt sted. Et sted man skulle frelses fra, hvilket det jo ikke er. Faktisk er det et glædens sted, hvor man har mulighed for at blive født ind i de højere verdener. Hvor man kan blive født to gange, og gå videre til andre planer. Der er et andet navn for den anden adamenergi og det vil du finde. Du skal blot kende energien bedre og selv forstå dets mekanismer. Herefter kan du døbe den ved det navn som passer til din forståelse af universets kosmologi. Det er også muligt at finde den samme essens i de gamle sanskrittekster eller andre mysterieretninger, men du har valgt at arbejde med levnene fra Paulus. Han forklarer essensen ganske fint samt processen med at gå fra den fysiske Adam til den åndeliggjorte og levendegjorte Adam."

23.08.10 Vila kunne mærke at hun var havnet i en ny afdeling af det kollektive bevidsthedsfelt. Kristen snak og bestemte ord begyndte at påvirke hendes skriblerier. Vila vidste ikke rigtig om hun brød sig om det.

Efter en længere indre dialog og en del fornuftige overvejelser, blev hun enig med sig selv om, at hun ikke kunne diskriminere mellem tankeformerne om deres energi var høj og fin. Hun var nået til den kristne afdeling og her skulle hun også lære at begå sig. Selvom hun nu havde vænnet sig til den videnskabelige udtryksform, huskede hun på, hvordan hun tidligere havde modtaget informationer om yogivejen i dens eget begrebsunivers.

Med dette i mente forstod hun at ethvert energimønster eller frekvens var opdelt i sektioner i det kollektive bevidsthedsfelt og at de supplerede hinanden. Man kunne ikke afvise en slags energitype bare fordi man havde oparbejdet præferencer og vaner for en vis terminologi eller tankeform.

Det nye sted i det kollektive bevidsthedsfelt, var som at træde ind i et rum fyldt med mennesker, hvor en summen af snak overdøvede enhver selvstændig tanke. Vila følte at rummet, hun var trådt ind, var fyldt med munke, nonner og tidlige kirkefædre, apostle og andre søgende. Alle disse mennesker og deres tankeformer, som stadig bar præg af den oprindelige tænker, havde bidraget til den kristne udviklingsvej. Da energierne stammede fra fortidens kristne søgende, dannede hendes hjerne hurtigt de rette billeder dertil. Derfor virkede tankefeltet som et rum fyldt med snakkende mennesker. Nu skulle hun finde de rette tankeformer og derivere energien de indeholdt. Kontakten til dem, nedskrivningen og forståelsen ville integrere nye energimønstre i hendes system.

Vejledningen i dag kom fra ny gestalt, en energirest, som i levende live havde heddet Samuel, men Vila var ikke sikker. Det var stadig svært for hende at skelne mellem de levende tankeformer og de faktiske videreførte mennesker. Hun var nødt til at gå i dialog med energien og omsætte den til ord, så hun kunne forstå energimønstret, og hvad det indeholdt.

"Navnet på en bestemt udviklingsproces gives af den, der forstår sagen til bunds. På den måde opstod de gamle sanskritbetegnelser, de buddhistiske og de kristne terminologier, men alle taler om det samme. I din tid, nutiden, er der på ny en bevægelse hen imod et ønske om at forstå tingene til bunds og give dem nye betegnelser. De gamle betegnelser og tankesæt ligger fjernt fra vestlig tankegang og er på den måde ikke til megen nytte for den moderne søgende.

I søger allerede, som en art kapløb, mens I udvikler jer selv. Læren gives endnu en gang til deltagerne, og deltagerne anvender den efter bedste evne til at komme i mål. Vi søger, så vidt muligt i denne tid, at informere jer tydeligere end tidligere. I er mere parate, I er vokset til unge voksne, og delene i læren er allerede kendt for de fleste. De gamle tankeformer har gjort deres arbejde og nye skal til. Beredvilligt melder I jer til, og beredvilligt modtager I læren uden at blinke. I skelner ikke og I vurderer ikke, hvorvidt læren er sand eller falsk. I evner endnu ikke denne skelnen. Som unge mennesker må I lære af jeres overbevisninger og fejle. De ældre dele af læren blev givet jer, da I var børn og en masse fejl er opstået derved. I må anvende det, I har lært efter bedste evne og blive voksne i jeres anvendelse heraf. Tiden er moden til at prøve kræfter med læren i samfundet.

I gammel tid legede I som børn med læren. I kaldte det magi og spillede rollespil, hvor I var magikerne og den specielt udvalgte ene. Legen er ved at være ovre og den voksnes ansvarlige tilværelse sniger sig ind på jer. Forberedelserne er ovre og det virkelige liv venter på jeres deltagelse og bidrag. Hvordan vil I integrere læren i verden? Hvordan vil I udføre jeres opgaver. Hvordan skal forandringerne, menneskeheden behøver om den skal bevæge sig frem til de idealer læren skitserer, se ud? Hvordan anvendes læren i det samfund, I har opbygget?"

Vila fik et indfald. Måske enhver samfundsstruktur i virkeligheden byggede på religion? Menneskeheden kaldte det i dag for politik og økonomi, men var det egentlig ikke de oprindelige religioner man skulle takke og se tilbage på for at forstå samfundsmodellerne? Ville Vesten være blevet demokratisk uden en kristendom? Den tidlige kristendom indeholdt præsocialistiske principper. Selvom verden var kommet videre ville en ny samfundsmodel nok vokse ud af nutidens spirituelle tankegange, når tiden var inde. Vila var ret overbevist om at det forholdt sig således.

"Som børn kunne I isolere jer i små grupper og lukke verden ude i jeres rollespil. Som unge ansvarlige mennesker venter samfundet på jeres bidrag og jeres del af den vækst, I alle er med til at udvirke. Dialogen vil fremover være koncentreret om disse sager og de dele af læren, som mønter sig på en samfundsmæssig udvikling. Eksemplerne vil statuere en metode. Andre er selvfølgelig mulige. Læren er ikke uniform. Læren ændrer sig i forhold til de energimønstre den unge ansvarlige borger skal have med sig. De gamle energimønstre, til indre og ydre udvikling af mennesket, står stadig ved magt. Om den personlige udvikling ikke anvendes i verden, i samtiden, vil den være integreret forgæves. Ikke alle har integreret energi nok til at gå videre til andre planer, men mange har integreret nok til at ændre på sin samtid og de konforme institutioner samfundet består af.

I gennem tiderne er der blevet råbt *Revolution* i håbet om hurtige forandringer. I jeres tid taler vi om langsomme forandringer, bid for bid, i et tempo som ikke medfører unødig modstand. De hurtige skift, har historien lært os, medfører altid en modreaktion i mennesket. Ingen fremtid kan opbygges når mennesket er styret af arkaisk frygt. Hurtige skift befordrer ubalancer i menneskets energetiske system. Denne gåen frem og tilbage er unødvendig og en mere sikker fremfærd er ønskelig for samarbejdet. Man bør holde sig dette for øje.

Nye tider kræver nye metoder og det er bestemt tid til at nye fanfarer lyder. Atter lyder Gabriels basun og kalder de søgende til aktivitet, for at anvende en gammel metafor. Gå ud i verden og bidrag til alles bedste. Ikke som missionærer, hellige eller helte, men som mennesker med et godt hjerte og et afklaret sind. Se jeres samtid. Se, hvad der foregår og tænk over hvilke mulige ændringer, der kræves. Søg da at implementere det i jeres hverdag. Det er første skridt.

Det næste er, som altid, at være årvågen og have selvkontrol eller fuld beherskelse over jer selv, jeres tanker og emotioner i enhver sammenhæng. Vær et forbillede på næstekærlighed, harmløshed og *ahimsa*. Disse tre betyder det samme. Vær for andre, det I har lært at være for jer selv. Vær tålmodig, omsorgsfuld, hjælpsom og rummelig i enhver handling, I udfører. Disse fire kvaliteter dækker over de fleste interaktioner med mennesker, situationer og dyr. Det læren har givet jer, bør I give videre til andre. I kærlighed broder Samuel."

24.08.10 Vejledning fra Merak (eller var det stadig Samuel)?:

I forgangne tider bad vi de søgende om en vis hemmeligholdelse af den Evige Lære (læren). Vi bad eleverne om at være varsomme med dens indhold og med deres omtale af den. Selv det at omgås læren var en sag af yderste diskretion og forsigtighed.

Af denne grund blev læren ofte hemmeligholdt for de få. Den har ligget som et skjult kapitel i menneskehedens udviklingshistorie. I vort samarbejde med de søgende er der altid visse komponenter af læren som bør tilpasses tid og sted. Andre dele står identisk, elev efter elev. Overordnet er den en helstøbt række eller samling af tekster, nøjsomt opfanget og nedskrevet af tidens mange søgende. Læren er en, elevens udtryksform en anden. Variationerne skyldes elevernes måde at opfatte den på. Ikke den evige visdom i sig selv. Der er ikke mange måder et menneske kan udvikle sine potentialer på. Faktisk er der kun én vej og én korrekt metode hertil. Den korrekte metode er en udstrålende energilinje i PBTR sfæren. Afvigelserne opstår hos de som følger vejen. Mindre afvigelser absorberes af vejens samlende kraft, hvorfor dette ikke betyder noget. Der er 12 overordnede udstrålende energilinjer og den 13. er vejen. Det er en fuld cyklus: Udviklingen af de 5 og 7, samt at gå vejen videre i de 12 mindre udviklingsveje, for derefter at følge den opsummerende og forløsende 13. Det var det datidens forfattere søgte at vise med de 12 disciple og frelseren selv."

Vila var hurtig og kommenterede de nye input.

"Der skulle have været 12 evangelier. En for hver energilinje og hver enkel discipel kunne have symboliseret en af de 12 veje."

"Sandt, så sandt. Det havde været intelligent. Der har været flere tekster og den som kunne samle dem til en helhed ville have opnået samme resultat. Desværre er mange af fortidens skrifter forsvundet og de få vi har tilbage, i fysisk udgave, er ikke nødvendigvis de mest opfindsomme og fyldestgørende.

De bedste tekster blev anset for at være kætterske af den tidlige kirke, fordi de undlod at nævne en gud og en søn. Den tidlige kirke havde brug for en frontfigur og en tro. Ikke et kursus i løsrivelse fra standardmodellen og selvudvikling. Mange af de smukkeste og mest værdifulde tekster er borte nu i fysisk form. De eksisterer stadig i det kollektive bevidsthedsfelt som tankeformer og den søgende kan, som altid, finde de smukke tankeformer og informationer indeholdt heri."

Vila havde ikke lyst til at gå i dialog med Merak i dag. De sidste dages tørre og praktiske vejledninger var ikke lige hendes kop the. Hun ville hellere modtage store informationer som dem omkring hjernen eller om galaksernes beboere. Lege magiker og eventyrer.

Det satte mere energi i gang i hende og var mere tilfredsstillende. Hun vidste godt at kroppen blev afhængig af alle former for energi, ophidselse eller begær. Trangen til kun at modtage spændende informationer var et begær. Vila måtte acceptere den givne lærdom, praktisk og informativ som den var. Tålmodighed var stadig en lille sag hun skulle øve sig på.

25.08.10 Vejledning fra Merak:

"Stjernebåndet i mennesket binder det sammen med galaksen og er en fin tynd forbindelse mellem et menneske og dets PBTR. PBTR forbinder mennesket med Jordens, galaksens og universets centrum og deres PBTR. En bevidst tilgang til PBTR medfører en bevidst forbindelse til de større samlingspunkter i tid og rum. Således bliver mennesket en del af en endnu større helhed, men dagens lektion er mere lige til. Du synes tankeforladt, når talen kommer på praktiske og jordnære sager. Det er også nødvendigt. Ikke alt kan være oppe i skyerne. Nu er det nede på Jorden fremtiden udspiller sig for dig og dine efterfølgere. Fokus og tanker på universets, stjernernes og solens beskaffenhed, samt menneskets placering i forhold til disse, gavner kun i processen med at løsrive sig fra standardfeltet. Derefter handler byggearbejdet om de små detaljer i tid og rum. Det er mindre grandiost, men af yderste vigtighed. Efter aktiveringen af de 7 energi-områder i hovedet samt deres koordinering med kroppens plexi står kun det store byggearbejde tilbage. For hvordan skal disse områder og plexi anvendes og til hvad? Hensigten er at bygge et lyslegeme eller et bodhisattvalegeme, alt afhængigt af valg. Her vil vi i første omgang fokusere på opbygningen af et lyslegeme. Man dør jo ikke ved energiområdernes og plexiernes sammenføring. Et helt liv venter på udfoldelse og anvendelse af det nykonstruerede energisystem. Sammenføringen er blot basis eller skelettet i lyslegemet sammen med de koordinerede magnetfelter. Der skal bygges videre herpå, således at det bliver en hel sfære med en iboende menneskeform. Slutteligt integreres sfæren hvorefter lysmennesket løsrives fra det jordiske plan og går videre. Det kunne selvfølgelig være målet at opnå dette hurtigt, men som regel går tingene bedre over tid, gennem tålmodig beslutsomhed.

Geometrisk Alkymisk Psykologi henvender sig til de som ønsker at viderebygge deres legemer til lysvæsener. Det meste kan anvendes af bodhisattvaindivider. De sidste 2000 års buddhisme har fokuseret på bygningen af disse legemer og det er derfor ikke nødvendigt at skrive specifikt eller gentage læren for denne vej.

Læren omkring arbejdet med og organisation af et lyslegeme er stadig mangelfuld i dit begrebsunivers. Meget er givet og meget er sagt. Der kan altid siges mere og din opgave er at give det din egen form og formulering, således at du kan anvende det korrekt i forhold til dit system. De vejledninger vi giver dig kan anvendes af andre, men i bund og grund henvender de sig specifikt til dig. Det er din hjerne og dine formuleringer og fordrer bestemte energimønstre til korrekt dannelse. De matcher din forståelse af tingene og energierne i dine magnetfelter.

Enhver elev på vejen vil opdage dette faktum. Andres beskrivelser kan anvendes, men eleven må selv skabe sin version af læren på et tidspunkt. Den kan formidles til andre så længe enhver er klar over at også de må finde deres version og deres vej. Vejen er skræddersyet til det enkelte energisystem og de unikke energisignaturer, et lyslegeme kræver for at kunne bygges, skabes af den enkelte selv via integration af fortidens lærdomme og tankeformer som den enkelte har affinitet til.

Det var første vigtige element. Standardiseret og enslydende viden følger vejen ud af standardfeltet og de første lag i bevidsthedsfeltet. Bogen Bevidst Evolution omhandler de første to dele af vejen. Vejen til aktivering og sammenføring af magnetfelterne, plexi og energiområder i hjernen har få variationer i deres udgaver. Her kan gamle visdomme og teknikker stadig anvendes. Derefter skilles vandene og hver elev må skabe sin egen version af læren.

Den kommende Geometrisk Alkymisk Psykologi er et bud på en sådan individuel vej. Fejl og misforståelser følger den enkeltes vej. Megen forståelse opnås herved. Fødselshjælperne står parate med vejledning. Selve byggearbejdet ligger hos den enkelte. Som barnet i moderens mave. Moderen kan kun gøre så meget. Barnet og dets iboende kraft må selv sørge for at en helhed skabes. Principperne for den anden fødsel er de samme.

Med disse formanende ord er vejen lagt frem for dig. Fornuft, tålmodighed og nysgerrighed er de tre største kvalifikationer, enhver elev skal have med i processen. Ihærdighed og vilje er de to andre. Lad det være nok for nu. Tiden er inde til integration af og meditation over de sidste dages nedskrevne tanker og informationer."

Midt i stormen

der blæsende rider

gennem vores sind

- Står du –

Mellem disse vinde

bliver en ny orkan til

Kaster os hid og did

fører os til nye horisonter

- Nye livsanskuelser –

Tidens ælde

haler langsomt ind på os

Men stormen rider stadig

blæsende gennem vores sind

(1989)

Nosti, Amice, nihil ugeri acrius, quam conversionem nostram

(Ved du ikke, min ven, at intet haster mere end vores forvandling?)